大数据：生物学变革新契机

张　旭　主编

U0197488

科学出版社

北京

内 容 简 介

随着信息技术的发展，世界正在由资本经济时代向数据经济时代过渡，大数据作为一种新的资源，在社会的各个方面发挥着重要的作用，有力推动着社会经济的发展。随着大数据研究与应用投入的不断加大，生物大数据带来了生物产业的一次变革，创造出巨大的经济价值和社会价值，并已成为全球生物产业发展的新助力，给生物产业的发展带来划时代的意义。本书正是呈现生物大数据的历史变革及产生重大影响。全书共分 6 部分，首先阐述了大数据时代已经来临的历史背景，主要国家对生物大数据发展进行的战略布局，生物大数据带来的革命性意义，生物大数据开发与利用的关键技术，生物大数据的未来市场，生物大数据时代的发展困境。

本书适用于不同的读者群。从事生物大数据研究的所有研究者、教育者和学生均能从中获益；政府各基金资助部门的管理者、政策制定者亦会从中受益；即使是普通读者，也能从中一窥生物大数据研究的重大变革，了解生物大数据变化趋势对人类的重大贡献。

图书在版编目（CIP）数据

大数据：生物学变革新契机 / 张旭主编.—北京：科学出版社，
2016.1
　ISBN 978-7-03-046189-6

Ⅰ.①大… Ⅱ.①张… Ⅲ.①数据处理-应用-生物学-研究 Ⅳ.①Q-39

中国版本图书馆 CIP 数据核字(2015)第 260636 号

责任编辑：罗　静　田明霞 / 责任校对：陈玉凤
责任印制：赵　博 / 封面设计：刘新新

科学出版社 出版
北京东黄城根北街 16 号
邮政编码：100717
http://www.sciencep.com

北京华宇信诺印刷有限公司印刷
科学出版社发行　　各地新华书店经销

*

2016 年 1 月第 一 版　　开本：720×1000 B5
2019 年 5 月第七次印刷　　印张：9
字数：181 000
定价：75.00 元
(如有印装质量问题，我社负责调换)

《大数据：生物学变革新契机》
编写委员会

主　编　张　旭

副主编　于建荣

编写成员（按姓氏汉语拼音排序）

陈大明	陈润生	陈兴委	范月蕾
韩敬东	洪胜君	黄　河	江洪波
黎　浩	李亦学	李祯祺	刘　雷
马俊才	毛开云	苏　燕	孙晓濛
王　绛	吴　刚	熊　燕	徐　萍
于建荣	张文生	张　旭	

前　言

"大数据"这一名词自 2012 年在奥巴马国情咨文中被重点提及后,近几年来发展迅猛,已经在很多行业得以体现。大数据带来的信息风暴正在变革我们的生活、工作和思维,开启一次时代的重要转型。生命科学作为新世纪最活跃的学科,也正在经历一场数据革命,全世界每年产生的生物数据总量高达 EB 级,生物大数据已成为"大数据"重要的组成部分。国际著名商业咨询机构 BCC Research 的分析报告《Next Generation Sequencing: Emerging Clinical Applications and Global Markets》指出:"2013 年,全球新一代测序和数据分析市场总额为 5.1 亿美元,至 2018 年,这一市场总额将增长至 76 亿美元,复合年增长率达到 71.6%。"生物大数据蕴涵着巨大的产业价值,今后将成为与能源、矿产一样的战略资源。

虽然大数据已成为一个热词,但鲜有人对大数据为生物变革带来的机遇进行翔实的探讨和分析。究竟大数据会对生物技术与产业的发展带来哪些变革,生物大数据的开发与利用又包含着哪些关键技术,全球哪些国家正在生物领域对大数据展开布局,我国发展生物大数据的现状又是怎样,对于这些疑问,《大数据:生物学变革新契机》一书将用详细的数据材料与较为丰富的内容,从不同的角度对生物大数据广泛的影响力予以阐述。

目前,大数据建设已引起生物学界与产业界的广泛重视,大数据的重要性在生物研究与产业发展的方方面面得以体现,如在最近被炒得很热的精准医学领域,大数据作为精准医学发展的基础，是提升个人遗传密码数据整合与分析能力的关键。因此占领大数据高地，对于各国生物技术的发展，以及国际竞争力的提升都有着重要的意义。2013 年，美国政府为全面推动生物医学大数据基础研究发展，启动了 Big Data to Knowledge 计划，大力推动和改善与生物医学大数据相关的收集、组织和分析工具及技术。2014 年 3 月，在伦敦举行的高性能计算机技术和大数据会议上，英国大学与科学国务大臣 David Willetts 宣布，英国医学研究理事会（MRC）将投资 3200 万英镑资助首批 5 大项目，来加强医学生物信息学的能力、产能和核心基础设施建设。这项"医学生物信息学计划"预计总投资 5000 万英镑，将通过建立耦合复杂生物数据和健康记录的新方法，来解决关键的医学难题。

发达国家对生物大数据"野心勃勃"，我国在生物大数据的发展方面却尚不尽如人意。当前，中国已是生物数据产出大国，但目前还远不是生物大数据存储和应用的强国。面向生物大数据的国家级技术研究中心尚未建立，技术研发宏观规划和引导缺乏，专业人才队伍储备不足，核心分析技术创新不多，数据共享规则制定不完善等都是制约我国生物大数据发展的"瓶颈"。发达国家生物数据基础设施建设起步较早，早在 20 世纪 80 年代起，美国、欧洲和日本相继开始建设世界级生物数据中心——美国国家生物技术信息中心（NCBI）、欧洲生物信息研究所（EBI）和日本 DNA 数据库（DDBJ）。目前，这三大生物数据中心掌握并管理着全世界主要生物数据和知识资源，处于数据垄断地位。相对于大数据基础设施建设，我国人才队伍建设任务更加紧迫，因为专业人才培养周期较长，无法取得立竿见影的效果。除了硬件和人才建设外，适宜的政策法规和社会文化软环境对生物大数据发展也相当重要。数据共享规则不完善，缺乏对数据权益的保护，不利于形成良性发展的数据共享生态系统。即使如此，我国在生物大数据领域也具有遗传资源多样、临床数据丰富、基础研究人员众多等诸多优势，更重要的是，大数据的内在哲学观点及其认识论本质是整体论，与东方传统哲学中的整体和集体思想暗合，而且中国社会易于集中、易于统一组织的传统社会特质与文明特性将十分利于生物医学大数据的建设发展。这为我国未来大力发展生物大数据奠定了坚实的基础。

　　国家之间的竞争是战略层面的竞争，是国家意志的较量，在美、欧、日已形成大数据发展战略形势下，我国尽早形成完整明确的生物大数据国家战略，对今后的学术、技术和产业发展至关重要。无论是从产业发展潜力还是国家战略安全角度，中国作为日益强大的世界大国，都必须在大数据领域有所作为。如何对整个生物大数据领域作长期的全局规划，形成有特色的生物大数据体系，是新时期摆在我国大数据建设面前的关键问题。在这样的大背景下，《大数据：生物学变革新契机》应运而生，相信其对相关的专业人士以及对该领域有兴趣的普通读者都有重要的参考价值。

陈润生

2015 年 11 月

目　　录

第 1 章

大数据时代已经来临

继蒸汽技术革命和电力技术革命之后，以原子能、电子计算机、空间技术和生物工程的发明和应用为主要标志的信息技术革命（即第三次科技革命）不仅极大地推动了人类社会经济、政治、文化领域的变革，而且影响了人类生活方式和思维方式。技术创新和数字设备的普及为人们带来"数据的产业革命"。对日益扩大的、多种多样的且极富关联的数字数据的分析，将揭示关于集体行为的潜在联系，并有可能改进决策的方式。大数据的开发，关键在于将不完善的、复杂的数据转换成可操作的信息，这要利用先进的计算工具揭示大型数据集合内部及数据集合间尚未被发现的趋势与相关性。大数据作为第三次科技革命重要组成部分对人类社会的重要影响正在不断涌现。

1.1 大数据的发展历程

信息技术革命的步幅基本以 20 年为一个周期。20 世纪 50 年代，信息技术革命开始进入架构化时代；

本章作者：李亦学　上海生物信息技术研究中心

随着数字资源的不断发展，数字化于 20 世纪 70 年代开始深入人心；从 20 世纪 90 年代开始，基于"信息高速公路"的构建，人类社会进入了网络化的时代；近 5 年来，以移动互联网、云计算和物联网为标志的智慧化时代已经到来，而这三者均与大数据有着千丝万缕、密不可分的关系。

大数据的应用和技术是在互联网的快速发展中诞生的，起点可追溯到 2000 年前后。当时，互联网的网页数量呈爆发式增长，每天新增约 700 万个；至 2000 年年底，全球网页总数达 40 亿个，对于用户来说，检索信息变得不再便捷。以谷歌为主的多家公司率先建立了覆盖数十亿网页的索引库，开始提供较为精确的搜索服务，大大提升了人们使用互联网的效率，这就是大数据应用的起点。在那时，搜索引擎要存储和处理的数据不仅具备前所未有的数据量，而且主要以非结构化数据形式存在，导致传统技术无法应对。为此，谷歌提出了一套以分布式为特征的全新技术体系，即后来陆续公开的分布式文件系统（Google file system，GFS）、分布式并行计算（MapReduce）和分布式数据库（BigTable）等技术，以较低的成本实现了之前无法解决的大数据问题。这些技术奠定了当前大数据技术的基础，可以将其认为是大数据技术的发展源头[1]。

随着互联网行业的迅速兴起，这种创新的海量异构数据处理技术在电子商务、智能推荐、社交网络等方面得到广泛应用，获得了极大的商业成功。此时，全社会开始重新审视数据所带来的巨大价值。尤其是以金融、电信等为代表的、拥有大量数据的行业开始尝试这种新的理念与技术，并取得一系列初步成效。与此同时，业界不断对谷歌提出的技术体系进行扩展与完善，使之能够在更多的场景下获得应用。

早在 1980 年，著名未来学家 Alvin Toffler 就在《第三次浪潮》一书中前瞻性地指出过大数据时代即将到来[2]，将大数据热情地赞颂为"第三次浪潮的华彩乐章"。20 世纪 90 年代，数据仓库之父 Bill Inmon 开始关注大数据的发展。时至 2007 年 1 月，已故的图灵奖得主 Jim Gray 在他最后一次演讲中描绘了数据密集型科研"第四范式（the fourth paradigm）"的愿景[3]：随着数据量的高速增长，计算机将不限于模拟仿真的功能，还可以进行分析总结，并得出理论。时隔一年，*Nature*

于 2008 年 9 月出版了大数据专刊 "Big Data：Science in the Petabyte Era" [4]，阐述了现代科学面临的一个巨大挑战——如何处理已有的海量数据。2011 年 2 月，*Science* 推出了一期关于数据处理的专刊 "Dealing with data" [5]，又一次从互联网技术、互联网经济学、超级计算、环境科学、生物医药等多个方面介绍了海量数据所带来的技术挑战。同年，麦肯锡（McKinsey）、世界经济论坛（World Economic Forum，WEF）等知名机构对这种数据驱动的创新进行了研究总结，随即在全世界兴起了一股大数据热潮。

大数据的发展主要分为 3 个阶段[6]。

（1）初始萌芽期（20 世纪 90 年代至 2003 年）

随着数据库技术与数据挖掘理论的逐步成熟，一系列商业化的智能工具与知识管理技术得以被人们应用。此时，对于大数据的研究主要集中于算法模型、模式识别等热点方向，侧重于数据挖掘和机器学习等基础信息技术。

在这段时间内，大数据的提升体现在"量"和"质"两方面，这为数据时代的到来奠定了坚实的基础。从数据的"量"上来看，如果从人类文明出现开始计算，那么直到 2003 年，人类总共才生成 5 EB（ExaByte）左右的数据。这是由于计算机出现后，伴随着数字化与网络化的完善，数据产生的规模与速度才开始急剧上升。由于数据规模呈指数上升态势，因此仅过去几年所产生的数据就比以往 4 万余年的数据总量还要丰富。从数据的"质"出发，很大一部分数据源于人体或环境等，通过数据流将原本看似无关的多种数据维度或属性关联起来，并通过数据的流动与共享来实现大数据的社会经济价值。

（2）快速突破期（2004～2009 年）

非结构化数据的爆发带动大数据技术的快速突破。2004 年 Facebook 的创立是非结构化数据爆发时期的标志性事件，社交网络的流行直接导致大量非结构化数据的涌现，而这种局面是传统处理方法难以应对的。在此阶段，大数据研究的热点方向趋于云计算、MapReduce、开源分布式系统基础架构（Hadoop）和人工智能等。

据统计，在全球范围内可用的数字数据数量从 2005 年的 150 EB 增加至 2010 年的 1200 EB。数据总量预计每年增长 40%左右，这一增长率意味着数字数据的存储预计将从 2007 年到 2020 年增长 44 倍[7]。国际数据公司（IDC）预计 2020 年全球数据使用量将达到 40 ZB（ZettaByte），需要约 429 亿个 1 TB 的硬盘进行存储，届时中国产生的数据量将占到全球总量的 21%[8]。正是如此海量异构的数据驱动传统计算机算法的进步，才最终导致了人工智能的突破性进展。互联网的稳步发展为机器模型的训练提供了足够多的样本集合，而这种以深度学习为代表的数据驱动算法不仅是对传统计算机算法的颠覆，而且为人工智能带来了实质性的突破。最具代表性的案例莫过于美国国家标准与技术研究所（National Institute of Standards and Technology, NIST）于 2005 年对全球的机器翻译系统的评测，不是专门从事机器翻译的 Google 竟然以一骑绝尘的显著优势获得各项评比的第一名，其优势就在于使用了近乎于其他系统万倍左右的数据量。

（3）稳健发展期（2010 年至今）

随着手机、平板电脑等智能终端的应用日益广泛与频繁，数据的碎片化、分布式、流媒体特征更加明显，移动数据急剧增长。传统的大数据"三核心"（即 GFS、MapReduce 和 BigTable）遭遇数据运算和处理能力方面的瓶颈，而 2010 年谷歌为应对这种趋势而开发的 Percolator、Dremel 和 Pregel 日趋成为新"三核心"。与此同时，非关系型数据库（NoSQL）再次自我革新，开始转向兼具关系型易查询和非关系型高扩展性的新型云数据库（NewSQL），如谷歌的 Spanner、亚马逊的 RDS、微软的 SQL Azure 等，大数据的核心技术仍在快速发展。

急剧增长的大数据样本与颠覆性的大数据技术相互促进，实现发展的正循环。随着需要处理的数据量的增大与数据类型的增加，所需的技术支持需求愈发明显。而以云计算、人工智能等为代表的大数据技术应运而生，这些技术的数据诉求可以通过大数据样本的迅速增长得以满足，并随着数据处理量的增大而产生更加精准的结果。

综上所述，60 年前，数字计算机使得信息可读；20 年前，Internet 使得信息可获得；10 年前，搜索引擎爬虫将互联网变成一个数据库；现在，Google 及类似公司处理海量语料库如同一个人类社会实验室。数据量的指数级增长不但改变了人们的生活方式和企业的运营规模，而且改变了科研范式[9]。

1.2　大数据的定义

针对大数据，目前存在多种不同的理解和定义。通常来说，"大数据"（big data）是指无法在一定时间内用通常的软件工具进行捕获、管理的巨型数据集。2011 年，麦肯锡全球研究院（McKinsey Global Institute，MGI）于《大数据：下一个创新、竞争和生产力的前沿（Big data：The next frontier for innovation, competition, and productivity）》报告中率先提出了大数据的概念[10]，即"大数据是指无法在一定时间内用传统数据库软件工具对其内容进行采集、存储、管理和分析的数据集合"。此后，经过高德纳咨询公司（Gartner Group）的炒作周期（hype cycle）曲线和 Viktor Mayer-Schönberger 的《大数据时代：生活、工作与思维的大变革（Big data：A revolution that will transform how we live, work, and think）》[11]的宣传与推广，大数据迅速为人所熟知，并开始"风靡全球"。2012 年，高德纳咨询公司将其对大数据的定义进行了修改，阐明"大数据是一种数量大、增速快且复杂多样的信息资产，需要通过新式的处理手段从中形成更强的决策能力、洞察力与优化处理方法"[12,13]。美国国家科学基金会（National Science Foundation，NSF）则将大数据定义为"由科学仪器、传感设备、互联网交易、电子邮件、音视频软件、网络点击流等多种数据源生成的大规模、多元化、复杂、长期的分布式数据集"。按照 NIST 发布的研究报告的定义，大数据是用来描述在网络的、数字的、遍布传感器的、信息驱动的世界中呈现出的数据泛滥的常用词语。这种大量数据资源为解决以前不可能解决的问题带来了可能性。

综上所述，维基百科将大数据定义为"所涉及的数据量规模巨大到无法通过人工，在合理时间内达到截取、管理、处理、并整理成为人类所能解读的形式的信息"。

1.3　大数据的 4V 特征

麦塔集团（META Group，现为高德纳咨询公司）的研究人员 Doug Laney 于 2001 年的研究报告中指出数据增长的挑战和机遇具有 3 个方向：即数量性（volume，指数据的大小）、速度性（velocity，指数据输入与输出的速度）与多变性（variety，指数据类型与结构的复杂多样），并称之为"3V"或"3Vs"[14]。此外，还有一些机构对大数据的含义进行了补充，加入第四个 V（veracity，真实性）作为大数据的第四特点[15]，如 IBM；也有一些公司将价值（value）称为大数据的第四属性，如甲骨文（Oracle）公司和中国移动研究院。IDC 同样将大数据的四大特征定义为海量的数据规模、快速的数据流转与动态的数据体系、多样的数据类型和巨大的数据价值。

海量化：用于聚合分析的数据规模异常庞大。目前，全球每两天创造的数据规模等同于从人类文明起始至 2003 年间产生的数据量总和。全球的数据总量正以前所未有的速度增长，通过设备与网络每天都会产出上百万兆字节的数据。数据规模的大幅增长远远超过了硬件的发展速度，从而导致了数据储存与处理的危机。导致数据规模激增的原因首先是互联网络的广泛应用，使用网络的人、企业、机构迅速增多，从而让数据的获取与分享变得相对容易；其次是各种传感器数据获取能力的大幅提高，使得人们获取的数据越来越接近原始事物本身，描述同一事物的数据量激增。

多样化：数据来源广泛，且形态多元。从数据格式出发，可以分为文本、图片、音频与视频等；从数据关系来看，能够分为结构化、半结构化、非结构化数据。随着互联网络与传感器等技术的飞速发展，非结构化数据大量涌现。由于非结构化数据没有统一的结构属性，难以用表结构来表示，而且在记录数据数值的同时还需要存储数据的结构，从而增加了数据存储、处理的难度。据不完全统计，目前全球的非结构化数据已占数据总量的 75%以上，且非结构化数据的增长速度比结构化数据快 10～50 倍。随着非结构化数据的比重越来越大，其中蕴含的经济、社会方面的价值日益受到人们关注，同时也对传统的数据分析处理算法和软硬件环境提出了挑战。

快速化：不仅数据的增长速度不断加快，而且要求数据访问、处理与交付等处理速度快。目前，数字数据储量每 3 年就会翻 1 倍，人类存储信息的速度比世界经济的增长速度快 4 倍。随着数据发布共享的不断普及，个人甚至成为了数据产生的主体之一，快速增长的数据量要求数据处理的速度作出相应的提升，才能使得大数据有"用武之地"。否则，日益激增的数据不但不能为解决问题带来优势，反而会成为快速解决问题的负担。同时，数据不是静止不动的，而是在网络中不断流动的，且其数据价值通常会随着时间的推移而迅速下降。如果数据没有得到有效处理，也就失去了其价值和意义。通过对大数据的快速处理，能够迅速对经济、社会等各方面情况作出深入了解，并提供决策支持，从而及时制订出合理而准确的应对策略，这将成为提高企业乃至国家竞争力的关键。

价值化：价值潜藏在大数据背后，也是其终极意义所在。据统计，美国社交网站脸书（Facebook）有 10 亿用户，通过对其用户信息进行分析后，广告商即可根据结果实现精准投放。据资料报道，仅在 2012 年，运用大数据的世界贸易额就已经达到 60 亿美元。随着社会信息化程度的日益提高，数据存储规模不断增大，数据的来源与类型越发多元化。数据正成为一种新型的资产，是形成竞争力的重要基础，并已经成为竞争力提升的关键点。

1.3.1 生物大数据的内涵及范畴

在大数据的时代，生物医学领域将会是最为重要的一个大数据应用行业。生物医学领域最大的变革是人们即将进入个性化或精准医疗时代，而支撑个性化医疗和个性化用药的基础正是生物医学领域的大数据。每个人的基因组大小为 30 亿个碱基，个体之间的遗传差异信息为 300 万个碱基位点。不考虑其他分子水平的信息，仅基因组水平的个体化数据就是上百万到上亿字符的信息。如此众多的个体化分子水平差异数据，让人们可以对每个个体或每类疾病表型进行精确分型，从而实现全方位的分子检测和个性化医疗。特别值得注意的是，这些信息不仅仅停留在基础研究阶段，有相当一部分已经进入临床应用。生物大数据的爆发，对信息管理提出了严峻的技术挑战，同时也意味着巨大的商业机会。

随着大数据的日益"流行"，生物大数据也获得了人们越来越多的关注。目前，全世界每年的生物数据产生总量已经高达 EB 级。如此海量的数据为人们深入了解生物学过程、疾病机制等多方面提供了前所未有的机遇。与此同时，生命科学研究领域的数据分析的挑战也日益严峻，多种不同维度数据的整合分析又使得这一挑战的形势更加急迫和严峻。2013 年 6 月，*Nature* 上发表的文章 "Biology：The big challenges of big data" 提出了大数据在生物学领域带来的大挑战[16]。一年后，*Science* 刊登了一篇名为 "Life science technologies：Big biological impacts from big data" 的文章[17]，描绘出大数据所催生出的大生物学蓝图及其特征。

1.3.2 生物大数据的定义

从广义上来说，来源或应用于生物体的海量数据通常被人们称为生物大数据。生物大数据符合大数据定义中的"4V"属性，显著具有来源广泛化、增长快速化、数量庞大化、高度复杂化、结构异质化等特点。

1.3.3 生物大数据的种类

目前，比较常见的生物大数据类型包括以下几种：①研究数据，包括基因组、蛋白质组等组学数据，成像数据、药物研发和临床试验数据等；②电子健康数据，包括电子医疗档案、可移动/穿戴设备采集的实时监控数据等；③生物样本库，包括生物多样性资源库、临床样本库等；④知识成果，包括文献、专利、标准等（表 1.1）。

表 1.1　生物医学大数据的主要来源[18]

数据来源	具体类型
临床医疗	电子病历、医学影像、医疗设备监测等
公共卫生	疾病与死亡登记、公共卫生监测、电子健康档案、食品销售、营养标签等
医药研发	临床试验、药物研发、医疗设备研发等
医疗市场与费用	医疗服务费用、医疗设备销售记录、药店销售记录、医疗保险等
个体行为与情绪	实时视频、个体行为、健身记录、体力活动记录、缺勤记录、传感器等
人类遗传学与组学	基因组学、转录组学、蛋白质组学、代谢组学等

数据来源	具体类型
社会人口学	性别、年龄、婚姻状况、经济收入等
环境	休闲场所、污染、犯罪、交通等
健康网络与媒体	健康网站、搜索引擎、通信运营商、微博、微信、论坛、即时通信等

1.3.4　生物大数据的特征

（1）数据海量化

随着高通量测序技术的不断发展与完善，对于不同层次和类型的生物组学数据的获取和分析方法也日趋成熟与完善，这些数据挖掘、分析正在改变人类疾病研究及临床治疗的进程。单一组学数据的分析往往只能体现出疾病样本一个层面的变化，在筛选疾病靶点方面有很大的局限性。通过对多层次疾病组学数据的综合分析，将有助于人们对疾病形成更加系统全面的认识，为药物研发、临床诊断及个性化治疗提供更多有用的参考信息。

分子检测技术和大数据相关技术的发展使得基于生物大数据的个性化医疗成为现实。以测序仪为代表的分子检测技术，已经成为生物医药领域常规的通用的研究工具，正在逐步进入医院，成为临床检测的常规技术手段。测序仪技术的发展可以看作一项革命性技术，是生物大数据行业的基石。测序仪的革命性，体现在价格更便宜，测试时间更短，通量更高。因为新一代测序技术的发展，让全基因组测序从首个个人基因组的 30 亿美元、13 年时间投入，变成 1 千美元、1 天就能完成。除了遗传水平的数据，分子表型的数据还可以包括蛋白质组、代谢组方面的数据。这样，人们可以从分子水平全方位地描述一个个体的状态。再考虑生物医学数据的异构性质，从分子、细胞、组织与系统到行为疾病，从遗传学、生理学到成像与临床试验，高度复杂的数据，能够同步记录 1000 个细胞甚至更多。与此同时，可以采集到不同层次高度动态的数据。因此，必然导致数据的爆炸性增长，生物大数据的规模从 GB、TB 级别逐步增长到 PB、EB 级别。

　　此前，大型制药公司鉴于从组学技术中获得的受益有限，因此对大量采用新一代测序（next generation sequencing，NGS）技术趋向谨慎。当前制药巨头多在它们相关的非营利部门发起 NGS 为基础的研究方案，同时它们自身直接参与的迹象也在加大。由于医药行业的收缩，较多公司在选择 NGS 相关项目时有着高度的选择性。例如，默克（Merck）公司和诺华（Novartis）公司在以 NGS 为基础的研究中已经取得大量投资，而其他一些公司正在尝试性地介入。

　　早在数十年前，制药公司就开始存储数据。默克在组织数以万计的病患参加临床试验方面已经具备多年经验，并具有从数百万病患的相关记录中查出所需信息的能力。目前，该公司通过采用 NGS 技术，每个样本就能产生 1 TB 左右的数据。面对如此大数量级的数据，大型制药公司也需要专业团队的合作与帮助。例如，罗氏（Roche）公司近一个世纪所产生的数据仅仅是 2011～2012 年测定数千个癌细胞株的单个大规模试验过程中所产生的数据的两倍多一些而已。为了能够从这些数据中挖掘到更有价值的信息，该公司与 PointCross 公司开展合作，以构建一个可以灵活查找罗氏公司 25 年以来相关数据的平台。这些数据将利用人们已有的先验知识来挖掘信息，进而开发新型药物。

　　为了处理海量数据，生物学研究人员并不需要像公司一样需要专门的设备来处理所产生的数据。例如，生命技术（Life Technologies）公司（已被赛默飞世尔公司收购）的 Ion 个人基因组测序仪（Ion Personal Genome Machine）能够在 8 h 以内达到 2 千兆碱基（gigabase）的测序量，还有更大型的仪器可以在 4 h 内达到 10 千兆碱基的数量级。然而，对学术领域和产业领域的生命科学研究人员而言，新一代测序技术既提供了益处也带来了问题。在如此之大的数据背景下，人们并不能有效研究如此多的基因组，除非所开发的计算机系统能够满足分析大量数据的需求。基于这种现状，研究人员开始合作开发分析新一代测序平台产生的数据，从而将 DNA 的千兆碱基信息转化为计算机的千兆字节。其每个样本存储的数据达 20 千兆字节，而这样的样本就有成千上万个，这样分析所产生的数据量就相当大。

　　尽管如此，如此大数量的数据对于卫生保健来说其实十分有用，因为研究人员必须在设计其实验时充分考虑样本的多样性。从统计学的角度而言，毕竟从 50 万人获得的结论比从 10 个人获得的结论要可靠，而且有说服力。研究人员期望基因组数据在卫生保健方面能产生越来越多的影响，如利用遗传信息揭示生物标志物。基因组学为人类了解疾病提供了强有力的依据，可以为人类找到与某类疾病相关的生物标志物，并基于其进行靶向治疗。为了应用这一理念，英国剑桥大学通过李嘉诚捐助的 3300 万美元创建了李嘉诚健康信息和探索中心（Li Ka Shing Centre for Health Information and Discovery）。该中心将成立一个大数据研究机构，把分析数据过程和基因组研究结合起来，从而解决在大数据收集和分析方面的一些难题。

（2）分析高速化

由于分子检测技术的突破，生物医学领域的数据增长速度已经突破了计算性能发展速度的摩尔定律。其中，个体遗传信息的增长速度差不多是 4 个月翻倍，而硬盘存储能力是 15 个月翻番，计算能力则是 18 个月翻番，实际上计算机科学的发展无论从硬件技术到软件技术的发展已经远远落于生物学数据的增长，这是我们当前已经面临的巨大挑战。此外，生物医学文献的增长速度也非常快，这些信息的积累为分子表型数据的临床转化奠定了理论基础。海量数据的飞速增长意味着计算机存储、运算和生物医学数据产出之间存在很大的缺口。当前互联网状态下，生物医学数据传输、存储和管理等环节都存在一定程度的技术障碍，迫切需要信息技术的突破，以及符合生物医学领域行业特点的数据压缩、传输、存储和管理技术的研发。

研究人员需要高速的数据处理和分析速度应对迅速增长的生物大数据。过去，分析基因相关数据的瓶颈之一在于传统的分析平台束缚了研究人员的能力，这是由于这些平台使用起来困难且需要依赖生物信息学人员，因而相关工作执行效率低下，往往需要几天甚至几周的时间来分析一个大型基因组学数据。鉴于此，BioDatomics 公司开发了 BioDT 软件，其中提供 400 多种分析基因组数据的工具。通过将这些工具整合成一个软件包，使得研究人员使用起来更加便捷，在适用于任何台式电脑的前提下，还可以通过云储存。该软件相对于传统系统处理信息流的速度快 100 倍以上，现在只需要几分钟或几小时即可完成以前需要一天或一周才能完成的工作。

有专家认为随着新的测序技术的发展，人们对于新的高校和易用型分析工具的需求将日趋强烈。人们需要根据新的技术体系，新的实验模型，不断发展出新的计算策略来处理来自于各种渠道的数据。这意味着需要生物研究人员也必须学习和使用前沿计算机技术，像掌握和应用智能手机那样掌握初步的计算技能。然而，更简便的方法还是促使信息技术人员开发出让生物学领域专家容易掌握的方法，在保证效率的前提下，隐藏掉算法、软件和硬件体系结构的复杂性来保证应用的普及性。

（3）复杂多变性

生物学实验室往往有多种设备，这些设备产生的数据是以某种文档形式存在的。鉴于此，ACD/Labs 公司开发的计算系统在处理大数据时能够整合各种数据格式。该系统能够支持各种设备产生的 150 多种文档格式，有利于把多种数据汇集到同一个环境（如数据库）中，并可以通过客户端或网页进行访问。除了来源的多样性，生物学大数据还体现出多变性的特点。例如，德国科研人员分析的组织表型组学（tissue phenomics）涵盖了细胞大小与形状、吸收的染色剂、细胞相互联系的物质等信息。这些数据可以在多个研究中应用，如追踪细胞在发育过程中的特征变化、测定环境因素对机体的影响及测量药物对某些器官/组织的细胞的影响等。

众所周知，结构化的数据（如数据表格）并不能揭示所有信息（如药物治疗或生物学过程）。活的有机体从本质上来说是以非结构化的形式存在的，人们可以从成千上万种角度去描述生物过程。尽管利用非结构化数据存在很大挑战，但 IBM 阿尔马登研究中心（IBM's Almaden Research Center）的一个研究团队数年来都致力于文本挖掘工具的开发。目前，他们正在采用"加速药物发现的解决方案"（accelerated drug discovery solution）。这一平台汇集了相关专利、科学文献、基础化学和生物学知识、1600 多万种化合物结构及近 7000 种疾病的相关信息。利用这一系统，研究人员从中能够寻找可能对治疗某种疾病有效的化合物。

此外，还有一些公司致力于挖掘现有资源，以发现疾病的生物学机制，并基于此来研究治疗疾病的方法。汤森路透（Thomson Reuters）

旗下的 NuMedii 公司将关注点置于寻找现有药物的新用途，即药物再利用（drug repurposing）。该公司通过使用基因组数据库，整合各种知识来源和生物信息学方法，从而快速发现药物的新用途。此后，公司根据该药物原有用途中的安全性进行临床试验设计，不仅研发药物的速度快，而且成本低。

诺华公司的生物医学研究所（Novartis Institutes for BioMedical Research，NIBR）的专家认为制药公司的科研人员通过某些病患个体到某些病患群体、再到整合所掌握各种数据的过程非常复杂。在卫生保健领域，大数据分析的复杂性进一步增加，这是因为要将各种类型的信息整合起来，如基因组数据、蛋白质组数据、细胞信号转导、临床研究，甚至需要结合环境科学的研究数据。从这些数据获得启示，体现这些数据的价值，能够促进人类对疾病机制的理解。通过整合这些数据所获得的结果可能将产生全新的疾病治疗方法。GNS Healthcare 的研究团队融合机器学习、数学运算、计算机算法和超级计算机来探索疾病背后隐藏着的复杂机制，并跟踪病患可能对哪些治疗有特殊响应。该团队所依赖的分析平台称为 REFS，可以使某些疾病的部分过程逆转，从而逆向构建该过程中可能存在的分子网络；基于这一网络信息，模拟出一些可以作用于这些通道的化合物，从而了解疾病进程的发展方向。此外，该平台还可以应用到基础生物学的建模当中。

在我国，医院临床医学信息的结构化工作也取得了很好的进展。北京大学人民医院建立了国标最高级别的、符合 HL7 国际标准的医院信息化体系，并在其之上构建了结构化的临床文档数据资源池(CDR)，然后基于 CDR 系统开发了专门化的基于谷歌、百度等搜索技术的强大的临床信息搜索引擎，可对医院信息化体系中存储的海量的就医人员的动态的临床信息进行全方位的检索和归类，分析其各种临床信息之间的相关性。

参 考 文 献

[1]　工业和信息化部电信研究院. 大数据白皮书[OL]. http://www.miit.gov.cn/n11293472/n11293832/n15214847/n15218338/n16046426.files/n16049379.pdf. [2014-05-12]

[2]　Toffler A. The third wave[M]. New York: Bantam Books, 1981

[3]   Gray J. Jim Gray on eScience: A transformed scientific method[J]. The Fourth Paradigm: Data-Intensive Scientific Discovery, 2009: xvii-xxxi

[4]   Graham-Rowe D, Goldston D, Doctorow C, et al. Big data: Science in the petabyte era[J]. Nature, 2008, 455(7209): 8-9

[5]   Jonathan T O, Gerald A M. Special online collection: Dealing with data[J]. Science, 2011, 331(6018): 639-806

[6]   陶翔, 罗天雨. 大数据技术的发展历程及其演化趋势[N]. 科技日报, 2014 -08-10, (02)

[7]   Pulse U N G. Big data for development: Opportunities & challenges[J]. United Nations Global Pulse, May, http: //www. unglobalpulse.org/sites/default/files/BigDataforDevelopment-UNGlobalPulseJune2012.pdf, 2012

[8]   Gantz J, Reinsel D. The digital universe in 2020: Big data, bigger digital shadows, and biggest growth in the far east[J]. IDC iView: IDC Analyze the Future, 2012, 2007: 1-16

[9]   李国杰. 大数据研究的科学价值[J]. 中国计算机学会通讯, 2012, 8(9): 8-15

[10]   James M, Michael C, Brad B, et al. Big data: The next frontier for innovation, competition, and productivity[J]. The McKinsey Global Institute, 2011

[11]   Mayer-Schönberger V, Cukier K. Big data: A revolution that will transform how we live, work, and think[M]. United States: Houghton Mifflin Harcourt, 2013

[12]   Beyer M. Gartner says solving big data challenge involves more than just managing volumes of data[J]. Gartner, 2011

[13]   Beyer M A, Laney D. The Importance of 'Big Data': A Definition[J]. Stamford, CT: Gartner, 2012

[14]   Laney D. 3D data management: Controlling data volume, velocity and variety[J]. META Group Research Note, 2001, 6.

[15]   Jean Francois Puget. Big Data For Dummies [OL]. https://www.ibm.com/developerworks/community/blogs/jfp/entry/big_data_for_dummies23?lang=en. [2013-4-22]

[16]   Marx V. Biology: The big challenges of big data[J]. Nature, 2013, 498(7453): 255-260

[17]   May M. Life science technologies: Big biological impacts from big data[J]. Science, 2014, 344(6189): 1298-1300

[18]   王波, 吕筠, 李立明. 生物医学大数据: 现状与展望[J]. 中华流行病学杂志, 2014, 35(006): 617-620

第2章

全球主要国家对生物大数据发展的战略布局

大数据对研究和产业的广泛影响得到了全球重视，以美国为首的经济合作与发展组织（OECD）中所有的发达国家和经济处于转型期的国家都对这种新型"大数据"研究感兴趣，美国是这一领域最活跃的国家。美国、欧盟及其成员国、日本、中国等近几年相继提出了战略规划，而欧美等国家完备的资助计划正在引领生物大数据的开发。世界经济论坛、麦肯锡、《纽约时报》等重要协会、机构和媒体也在促进"大数据驱动的决策"。民间社会组织也表明它们渴望用更灵活的方式利用实时数据。由此，各国政府都逐渐意识到大数据的作用和能力。一些政府通过支持开放数据等举措，以提高公共服务能力。

通过对主要的政策、计划进行分析发现，美国的生物大数据战略在提高基础设施建设、核心技术开发、重点人才培养和大数据应用方面都进行了布局。欧洲的生物大数据战略以开放数据为核心，以云计算等高端技术为助力引擎推动健康医疗的发展。日本的

本章作者：徐萍 李祯祺 苏燕　中国科学院上海生命科学信息中心

生物大数据战略以"开创新市场，促进经济增长"为核心，重点集中在大数据技术的研发。

2.1 生物大数据规划发展总体脉络

在"大数据"这个名词没有具象化之前，生物大数据往往以"生物信息"、"组学（omics）数据"等形象先后展示在世人面前。在这段时期，全球生物大数据相关的政策规划以测序技术的开发应用和组学数据的分析研究为主。自 1986 年第一代基于荧光测序技术的 DNA 自动测序仪诞生之后，DNA 测序能力得到大幅提高，测序速度呈指数增长，每日的数据产出量可以达到 Gb 级别[1]。与这一标志性的历史事件仅时隔 4 年，美国政府便正式启动了"人类基因组计划"（Human Genome Project，HGP）[2]。这项大型的国际合作计划是由美国科学家于 1984 年酝酿、于 1985 年率先提出，并于 1990 年正式启动的。美国、英国、法国、德国、日本和中国科学家共同参与了这一耗时 13 年且花费达 30 亿美元的人类基因组计划。从人类基因组计划的发展历程可以看出，测序技术的发展（第一代 DNA 测序仪的发明）为其奠定了技术基础；专家的讨论建议（1984 年的 DNA 重组技术会议与 1986 年的人类基因组可行性讨论）引起了国家有关部门（美国能源部与美国国立卫生研究院）的高度重视；由此引发了政府相关部门对其资助（美国能源部的 530 万美元启动资金与美国国立卫生研究院的 30 亿美元预算投入）；国际合作（国际基因组测序联盟与国际人类基因组组织的成立）促进了计划的扩展与多国参与；随着基因组相关进展层出不穷，基因组技术不断推陈出新，其引发的经济价值链条终于在产业市场获得回报。据美国 Battelle 纪念研究所于 2011 年发布的名为"人类基因组计划的经济影响"（Economic impact of the human genomics project）的报告显示，美国政府向 HGP 每投入 1 美元，即产生 141 美元的经济回报。

人类基因组的实施还积极推动了一系列基因组国际合作研究计划的诞生。2002 年，由美国、加拿大、中国、日本、英国等多国研究机构共同发起"国际人类基因组单体型图计划"（International HapMap Project）；2005 年，美国国立卫生研究院下属的国立癌症研究所和国立人类基因组研究所发起癌症基因组图谱计划（The Cancer Genome Atlas，TCGA），并于 2006 年邀请中国和印度研究机构参加；2007 年年底，美国国立卫生研究院宣布正式启动酝酿了两年之久的人类微生物组计划（Human Microbiome Project，HMP），该计划由美国主导，由多个欧盟国家及日本和中国等十几个国家参加；2008 年，英国维康信托桑格研究中心（Wellcome Trust Sanger Institute）、中国深圳华大基因研究院（BGI Shenzhen）和美国国立卫生研究院下属美国国立人类基因组研究所（National Human Genome Research Institute，NHGRI）承担的"国际千人基因组计划"（1000 Genomes Project）正式启动。

"人类基因组计划"的正式完成测绘出完整的人类基因组序列，但这并非是我们的最终目的，只有继续对其编码产物蛋白质进行系统深入的研究，才能真正地实现分子层面的诊断与治疗。因此，人类蛋白质组研究成为继人类基因组计划之后的重要课题。2001 年，人类基因组草图公布之后，国际人类蛋白质组组织（Human Proteome Organization，HUPO）正式成立。2002 年，人类蛋白质组计划（Human Proteome Project，HPP）于计划开展初期启动了一系列示范计划（如首批启动的肝脏、血浆蛋白质组分计划），此后又陆续启动了脑、肾脏与尿液及心血管等器官/组织蛋白质组分计划，以及数据分析标准化、抗体、生物标志物等支撑分计划[3]。其中"人类肝脏蛋白质组计划"由中国科学家领导执行，这是中国第一次领导执行重大国际科技协作计划，显著推进了中国的蛋白质组学研究。2014 年 6 月，"中国人类蛋白质组计划"（CNHPP）全面启动实施，这是中国在生物大数据领域达成的又一个重大里程碑式计划。

不仅基因组学与蛋白质组学引领生物大数据的研究，其他组学也如雨后春笋般蓬勃发展，最具代表性的是 RNA 组学。进入 20 世纪 90 年代，随着基因组研究的不断开展与测序能力的持续提升，海量而又繁杂的基因组序列数据提示人们，编码蛋白质的 DNA 区域在人类基因组中的比例少于 3%，而非编码序列虽然不能够编译蛋白质与多肽，但能够以非编码 RNA 的形式进行表达[4]。自 2000 年起，非编码 RNA 的相关研究内容连续多次入选 Science 年度十大科学突破，"RNA 组学"日益获得世界各国的关注。在人类基因组计划完成后，欧盟提出"RNA 调控网络与健康和疾病"计划分工协调发展欧洲整体的 RNA 基础与应用研究，以确立欧洲在 RNA 领域的领导地位，并通过欧盟科研框架计划（European Commission Scientific Research Framework Project）与地平线 2020（Horizon 2020）计划展开对该领域的资助。随后，美国牵头启动了 ENCODE 计划迎接"后基因组时代"的到来，以其国家科学基金会和国立卫生研究院为主导机构进行资助。日本也同样启动了功能 RNA 研究项目、哺乳动物基因组功能注释计划等重要研究，通过科学文部省和科学技术振兴委员会资助理化学研究所和国立遗传学研究所等重点机构。我国在《国家中长期科学和技术发展规划纲要（2006～2020 年）》中体现了对非编码 RNA 研究的重视，此后的"十一五"、"十二五"时期的各项规划也贯彻落实了该领域的重点前沿方向布局，通过科学技术部和国家自然科学基金委形成以国家重点基础研究发展计划、国家重大科学研究计划、国家高技术研究发展计划和国家自然科学基金等为代表的有层次、有重点、有计划的持续性资助。

除此之外，结构基因组学、比较基因组学、功能基因组学、表观基因组学、表型基因组学、疾病基因组学与药物基因组学等众多组学在各个国家计划的支持下获得迅猛发展，从而奠定了生物大数据研究的分子生物学数据基础。

近年来，随着美国"大数据研究与开发计划"的启动，大数据乃至生物大数据的概念逐渐为人们所熟知。生物大数据也逐渐从基础走向临床，结合个人的电子病历、电子健康档案、个人健康监控数据及高清成像数据等信息，以谋求更大的社会效益与经济效益。"精准医疗"正是生物大数据重要价值的体现。2011 年，美国国家科学院研究理事会（NRC）发布了题为"迈向精准医疗：构建生物医学研究知识网络和新的疾病分类体系"的报告，首次提出精准医疗概念。2015 年，美国开始启动"精准医学"研究计划，标志着精准医疗上升为国家战略。为了促进精准医疗的发展，美国国立卫生研究院在 2015 财年、2016 财年预算中将精准医疗作为重点资助领域，计划在 2015 年 10 月开始投入 2.15 亿美元启动精准医疗计划，将首先进行 100 万人基因组测序，与美国生物库中的数据信息联合形成大型研发资源库，作为全面加速生物医学研发计划的一部分，助力开发新一代药物；启动了"肿瘤基因组图谱计划"二期（TCGA2），进一步加大肿瘤机制研究和肿瘤治疗个性化药物研发的"精准"性。在药物开发方面，美国国立卫生研究院和生物制药公司于 2014 年联合启动重大研究项目——加速建立医学合作 AMP 计划，旨在对用于新的诊断和药物开发的疾病靶标模型发展进行推动。专注于阿尔茨海默病、2 型糖尿病、自身免疫性疾病类中的风湿性关节炎和系统性红斑狼疮等三类疾病的研究。

与此同时，欧盟及成员国发布系列政策规划助力精准医疗的发展。2012 年，英国就已启动 10 万人基因组计划，通过收集英国 10 万人的基因组测序信息来帮助科学家、医生更好地了解罕见病和癌症。2014 年 3 月，欧盟发布创新药物 2 期（IMI2）计划战略研究议程，其主题是实现精准医学，即正确的时机向正确的患者提供正确的预防治疗措施。IMI2 将带来新的工具、方法及预防和治疗方案，（直接或间接）促进个性化医疗及预防的发展。2014 年，创新英国（原英国技术战略委员会）建立了"精准医学孵化器"，帮助英国在该领域加快创新步伐。牛津大学已投入约 1.5 亿英镑用于成立精准癌症医学研究所。

2.2   美国

美国的生物大数据战略涵盖面广，涉及基础设施建设、核心技术开发、重点人才培养和大数据应用等从基础研究到产业链条的系列方面。2011 年，"总统科学技术顾问委员会（President's Council of Advisors Science and Technology，PCAST）建议"认为大数据相关技术具有重要战略价值，而联邦政府对其研发投资不足。作为建议的反馈，白宫科技政策办公室发布了《大数据研究和发展倡议》，并组织了大数据高级监督小组（Senior Steering Group on Big Data）在这一重要领域协调和拓展政府的职能，以提升美国将其收集的海量复杂数字资料转化为知识的利用能力，协助加速科学、工程领域的创新步伐，强化美国国土安全，转变教育和学习模式。

出于对大数据重要战略意义的考虑及提高海量数据分析能力，美国于 2012 年 3 月宣布启动"大数据研究与开发计划"（Big Data Research and Development Initiative），希望借此加快科学与工程发展步伐，加强美国安全，并在该计划中对生物医学大数据重点规划。2012 年 6 月，美国国家标准技术研究所（National Institute of Standards and

Technology，NIST）启动了大数据相关研究。此后，美国相关资助机构相继提出大数据尤其是生物大数据方面的支持计划，美国国家科学基金会（National Science Foundation，NSF）在 2012 年和 2014 年分别投资 1500 万美元和 2300 万美元助力大数据技术与工具开发。2012 年 12 月 7 日，美国国立卫生研究院（National Institutes of Health，NIH）发布"从大数据到知识"（Big Data to Knowledge，BD2K）计划，提出多项提高生物医学大数据价值的重要举措，以保持美国科学在未来的全球竞争力。NIH 已经设置了一项共同基金，广泛支持 NIH 内外大数据领域的倡议，初始资金为 2500 万美元/年。在卓越中心建设方面，NIH 从 2013 年开始 4 年内，每年提供 2400 万美元资助 6～8 个大数据卓越中心建设（Big Data to Knowledge Centers of Excellence）。2013 年 6 月，NIST 召开了大数据公共工作组（Big Data Public Working Group，BD-PWG）成立会议，并于同年 9 月启动了大数据定义和数据、通用需求、参考架构、安全隐私及技术路线图等内容的研究，并提出了《大数据参考架构》报告，受到多方面关注。同时，美国联邦政府、州政府、企业、大学等各界就生物大数据研究开展协同行动。

2.2.1 美国启动"大数据研究与开发计划"

2012 年 3 月 29 日，美国总统奥巴马宣布启动"大数据研究与开发计划"（Big Data Research and Development Initiative），旨在提高从海量数字数据中提取知识和观点的能力，从而加快科学与工程发现的步伐，加强美国的安全，实现教育与学习的转变。这项计划是对 2011 年美国总统科学技术顾问委员会（PCAST）所提建议的回应，也是 2011 年美国网络与信息技术研发计划（NITRD）设立的"大数据研发高级指导小组"研究工作的体现[5]。

在这个由美国政府 6 个部门联合启动的大数据研究计划中，除了国家科学基金会的研究内容提到要"形成一个包括数学、统计基础和计算机算法的独特学科"外，绝大多数研究项目都是应对大数据带来的技术挑战，重视的是数据工程而不是数据科学，主要考虑大数据分析算法和系统的效率。某种程度上，大数据技术在美国已经形成了全体动员的格局，并承诺将在科学研究、环境保护、生物医药研究、教育及国家安全等领域利用大数据技术进行突破。其中针对生物大数据采取的措施包括：①美国 NSF 与美国 NIH 两机构联合招标的"促进大数据科学与工程的核心技术"项目将促进对大规模数据集进行管理、分析、可视化并从中抽取有用信息的核心科学技术的发展。NIH 尤其关注与医疗和疾病有关的分子、化学、行为、临床等数据集。②NIH 免费开放千人基因组计划数据集，并通过亚马孙网络提供服务。这些数据总量达到 200 TB，是世界上最大的人类基因变异数据集。

2.2.2　美国 NSF 和 NIH 资助生物大数据研发

在美国公布大数据研究与开发计划之后，美国国家科学基金会和美国国家卫生研究院按照计划中的分工，主要推进大数据科学和工程的核心方法及技术研究，项目包括管理、分析、可视化，以及从大量的多样化数据集中提取有用信息的核心科学技术。

1. 美国 NSF 发布大数据计划基础性研究资助项目

国家科学基金会大数据项目的重点是围绕突破关键技术，包括：从大量、多样、分散和异构的数据集中提取有用信息的核心技术；开发一种以统一的理论框架为原则的统计方法和可伸缩的网络模型算法，以区别适合随机性网络的方法。

2012 年 10 月 3 日，美国 NSF 发布了大数据计划 8 个基础性研究资助项目名单及承担者，项目资助金额约 1500 万美元。这些项目致力于研究用于提取和利用知识的新工具和方法，从巨大数据集的收集到加速科学与工程研究和创新的进步。8 个项目具体研究内容主要涉及：大数据管理；新的数据分析方法；e-Science 合作环境及在物理学、经济学和医学等领域的未来可能应用[6]。

2. NSF 和 NIH 联手推动大数据核心技术研究

2012 年 3 月底，美国 NSF 和美国 NIH 联合启动了"推动大数据科学与工程的核心技术"项目（BIGDATA），并发布了项目招标指南。BIGDATA 项目旨在促进可从大型、多样化、分布式异构数据集中提取、分析、可视化和管理有用信息的核心科学和技术方法的发展[7]。

（1）数据收集与管理

处理多源、异构、复杂的海量数据需要开发新的方法与工具。可能的研究领域包括但不限于：

1）针对不断产生的数据及共享和广泛分布的静态实时数据的新的数据存储、I/O 系统和架构。

2）计算、存储和通信资源的有效使用与优化。

3）能持续收集和处理数据，并确保其精确性、可信性和完整性的容错系统。

4）能利用语义和情境信息自动注释数据的新方法。

5）面向先进数据架构（包括云）的新设计，可以解决极限容量、电源管理、实时控制等问题，同时确保可扩展性和可用性。

6）新一代多核处理器架构，以及能最大限度地发挥该架构优势的新一代软件库。

（2）数据分析

数据分析、仿真、建模和注释领域的进展将产生重大影响，有助于促进科学现象发现，认识事件的因果关系、进行预测并提出行动建议。可能的研究领域包括但不限于：

1）新的算法、编程语言、数据结构和数据预测工具的开发。

2）理解海量数据集计算的重要特性所需的计算模型和基础数学与统计学理论。

3）针对不断产生的数据集的实时处理技术，以及允许更灵活、更直观地研究数据的实时可视化和分析工具。

4）能整合不同数据并将数据转化为知识，实现实时决策的技术。

（3）e-Science 合作环境

综合的"大数据"网络基础设施必不可少，它能使广大的科学家和工程师团体访问多样化的数据，以及最优秀、最实用的推理和可视化工具。可能的研究领域包括但不限于：

1）有助于不同领域、不同地域的科研人员和学生互相协调工作，并大幅提高科学合作效率的新的合作环境。

2）通过机器学习、数据挖掘和自动推理等方式实现科学发现过程的自动化。

3）能管理多学科领域复杂和大规模科学成果流的新的数据管理技术。

4）能促进科学工作流和新应用开发与使用的端对端系统。

除了关注以上 3 方面外，提案还必须包括能力建设方案，因为这对新兴科研教育领域的健康发展至关重要。此外，提案还可选择在某个国家优先领域开展大数据项目，如医疗 IT、应急响应、清洁能源、网络学习（cyberlearning）、材料基因组、国家安全、先进制造等领域。

3. 美国 NIH 支持生物医学数据研究多项关键举措

2012 年 12 月 7 日，美国 NIH 发布公告，就加强生物医学研究队伍建设、管理海量数据两项重大主题，提出多项关键举措，维持美国科学界未来的全球竞争力。通过实施"从大数据到知识（Big Data to Knowledge，BD2K）"计划，将生物医学数据的价值最大化，举措包括：①改进数据和软件共享政策、改进研究数据目录和数据/元数据标准的制定，以促进更广泛地利用生物医学大数据；②分析方法及软件的开发和传播；③加强对生物医学大数据的培训；④资助新的卓越中心。启动 NIH 基础设施升级（InfrastructurePlus）计划，推进高性能计算、灵活的数据收集与存储方法及现代化的网络，构建更灵敏的数据处理环境[8]。

4. 美国 NIH 发起大数据卓越中心计划

2013 年 7 月 22 日，美国 NIH 宣布今后 4 年每年提供 2400 万美元资助 6～8 个"从大数据到知识发现的卓越中心"（Big data to Knowledge Centers of Excellence，简称大数据卓越中心），以开发和推广大数据共享、集成、分析、管理的创新方法、软件与工具，从而帮助研究人员提升利用大规模复杂数据集的能力，此外，大数据卓越中心还将向学生与科研人员提供掌握使用与开发大数据分析方法的培训课程[9]。

5. 美国 NIH 2014 财年预算资助生物大数据研发方向

2013 年 4 月 10 日，美国总统公布了 2014 财年总统预算提案，包括美国国立卫生研究院（NIH）2014 财年预算提案。NIH 2014 财年总统预算总额为 313.31 亿美元，主要用于：①支持大脑研究、单细胞生物学、表观基因组学、大数据研究等基础研究；②支持再生医学、开发穿越血脑屏障新方法等转化科学发展；③加强生物医学人才培养与职业发展、规划[10]。

NIH 将在 2014 财年实施大数据整合（BD2K）项目。BD2K 将支持 4 个战略方向：①通过制定政策和标准，配置相关资源，促进复杂的海量生物医学数据的广泛使用和共享；②开发和推广新的分析方法与软件；③加强培训数据科学家、计算机工程师和生物信息学家；④建立卓越中心开发通用方法，以解决生物医学分析、计算生物学和医学信息的重要问题。2014 财年，NIH 将通过共同基金向 BD2K 项目投资至少 4000 万美元，向每个大数据卓越中心每年投资 200 万～500 万美元，持续 3～5 年。在生物医学研究中面临的大数据挑战，其他领域也会面临同样的问题，如能源和空间研究。BD2K 还需要与其他政府机构有效合作，应对类似的挑战，其中包括美国 NSF 和能源部，以及私营机构。

大数据可以加快数据的分析，从而促进疾病检测、诊断和治疗。有了适当的投资与合作，可以克服基础设施和劳动力缺乏的挑战，充分挖掘数据革命的潜力。

6. 美国 NIH 资助电子医疗档案研究项目

2015 年 9 月 1 日，美国 NIH 宣布投入 5000 余万美元，资助将基因组信息整合入电子医疗档案的 12 项研究（表 2.1）。此项资助是"电子医疗档案和基因组学"项目的第三阶段（electronic medical records and genomics III，eMERGE III），旨在利用现有测序技术，通过识别罕见基因变异与疾病发生的关系，将基因组研究进一步推向临床应用。

表 2.1 eMERGE III 资助的 12 项研究项目

资助项目内容	资助机构	资助金额/万美元
开展针对遗传性结直肠癌、高三酰甘油和高中性粒细胞数等可预防性疾病患者的基因组测序，并将其录入电子医疗档案	群体健康研究所/华盛顿大学	338.5
检测电子医学档案中蛋白质编码区的罕见与常见变异与心血管、神经性和免疫性疾病的关联	布莱根妇女医院	383.2
识别与人类健康和药物测试相关的罕见变异，以预测和防止药物毒副作用	范德比尔特大学医学院	335.3
结合基因组测序，帮助识别电子医疗档案中所列多种疾病与基因变异的关系	辛辛那提儿童医院医疗中心	342.1

续表

资助项目内容	资助机构	资助金额/万美元
探究家族性高胆固醇血症和家族性结直肠癌的相关基因变异	梅约诊所	343.6
利用电子医疗档案中的基因信息与健康信息，研究家族性高胆固醇血症和慢性鼻窦炎的基因基础	格伊辛格卫生系统	351.8
结合基因组测序和电子健康档案中的基因信息，研究导致慢性肾脏疾病、心脏衰竭、乳腺癌、肝脏疾病、自身免疫性疾病、脑卒中、出生缺陷和神经发育障碍患病风险增加的基因变异	哥伦比亚大学	343.7
利用基因组测序信息进一步研究孤独症、智力障碍、注意力缺陷多动障碍、癫痫和肥胖的遗传机制	费城儿童医院	362.5
利用 eMERGE 网络前期研究基础，探究基因罕见变异之间的联系	西北大学	330.7
eMERGE III 协调中心将调查生物信息学和数据共享工具、控制基因组测序数据质量、管理表型-基因型网络、发现和促进网络网站和设施与外部的协作	范德比尔特大学医学院	420.6

2.2.3　美国各界宣布利用大数据促进知识发现的协调行动

2013 年 11 月 12 日，美国联邦政府、州政府、企业、大学等各界宣布利用大数据促进知识发现的多项协同行动。

在促进疾病治愈领域共有 11 项协同行动，主要行动包括：①美国临床肿瘤协会（ASCO）宣布发起开发健康系统知识新计划以变革癌症患者治疗与结果，第一阶段 ASCO 将对该计划提供 2000 万美元资助；②NIH、IBM、萨特健康中心与宾夕法尼亚州格伊辛格卫生系统将联合提供 200 万美元资助研究人员利用新的数据分析方法与技术提前若干年发现心脏病前兆；③诺华、辉瑞、礼来公司将合作改善 clinicaltrials.gov 网站临床试验的信息获取；④思爱普、斯坦福大学与国家肿瘤疾病中心将合作加快个性化药物研发；⑤NSF 将资助罗格斯大学、纽约州立大学石溪分校联合建立动态数据分析中心，开发肝脾疾病评估的新方法[11]。

2.2.4 美国国家数据科学联盟发布《从数据到发现：基因组到健康》白皮书

2014 年 3 月，美国国家数据科学联盟（The National Consortium for Data Science，NCDS）发布了《从数据到发现：基因组到健康》（*Data to Discovery：Genomes to Health*）白皮书[12]。

NCDS 将数据科学定义为通过系统研究数字数据的组织与使用，不断加速探索，提高关键决策过程，使数据驱动经济成为可能。

白皮书指出了基因组学应用于健康中存在的挑战，包括：①数据来源、收集和管理；②界定表型；③裁定基因组变异；④生物统计学和生物信息学；⑤数据共享；⑥生物伦理与法律。

白皮书给出了应对这些挑战的建议：①促进跨学科合作并协调相关工作；②推进分析方法和工具的相关标准和联合分布式数据系统的广泛采用，同时协调现有的数据集，综合分析，数据再利用，以及进行科学发现；③不断促进数据共享，同时通过激励机制和全新的技术解决方案，实现数据共享的不同技术方法的成本效益分析，维护其隐私性、安全性与来源问题；④开发自动化、易于使用的、利益相关者驱动的、开源的临床决策支持系统；⑤基于大数据的信息技术、数字存档与分析的培养教育和培训计划；⑥解决合理使用与滥用基因组数据之间的区别等生物伦理和法律政策问题。

2.3 欧盟

欧洲的生物大数据战略以开放数据为核心，以云计算等高端技术为助力引擎推动健康医疗的发展。2010 年 11 月，欧盟委员会提出了"欧盟开放数据战略"，并提出有关开放数据战略的多项法律提案。2012 年 9 月 27 日，欧盟委员会在《发挥欧洲云计算潜力》中提出欧盟云计算战略，拟采取加强标准、合同、云计算公私合作伙伴关系三项关键行动计划。2013 年 1 月 4 日，欧盟云计算专家组向欧盟委员会提交了题为《H2020 下的先进云计算技术路线图》的报告。报告分析了预期的市场发展及面临的技术挑战，提出了具体的技术路线图来帮助欧盟应对这些挑战，以在全球云计算市场中发挥关键作用。2014 年，欧盟议会通过"个人数据保护规定"。欧盟委员会 7 月宣布推出一系列措施助推大数据发展，包括建立大数据领域的公私合作关系；依托"地平线 2020"科研规划，创建开放式数据孵化器；就"数据所有权"和数据提供责任作出新规定；制定数据标准；成立多个超级计算中心；在成员国创建数据处理设施网络等。10 月 13 日，欧盟委员会与欧洲大数据价值协会签署谅解备忘录，共同承诺建立公共私营合作伙伴关系，在 2020 年以前投入 25 亿欧元推动大数据发展，其中欧盟委员会将拨款 5 亿欧元研发资金，源讯、Orange、SAP 和西门子等企业及弗劳恩霍夫、德国人工智能研究中心等私营部门将投资至少 20 亿欧元。欧盟委员会已通过决定，将大数据技术列入欧盟未来新兴技术（FET）行动计划，加大技术研发创新资助力度。目前，欧盟委员会公共财政资助支持的大数据技术研发创新重点优先领域主要包括：云计算研发战略及其行动计划、未来物联网及其大通量超高速低能耗传输技术研制开发、大型数据集虚拟现实工具新兴技术开发应用、面对大数据人类感知与生理反应的移情同感数据系统研究开发、大数据经验感应仪研制开发等。

2.3.1　欧盟委员会提出欧盟开放数据战略

2010 年 11 月，欧盟委员会提出了"欧盟开放数据战略"，旨在将公共部门搜集和产生的原始数据通过再利用成为数以万计 ICT 用户依赖的数据材料，同年 12 月正式推进这一战略并提出有关开放数据战略的多项法律提案，提案指出："所有来自于公共部门的文件除非受第三方版权保护外均可用于任何目的（商业或非商业），大部分公共部门的数据都将免费或几乎免费，强制要求提供通用的且机器可读格式的数据，确保数据的有效再利用，数据开放范围将覆盖包括图书馆、博物馆、档案馆等在内的更广泛的组织。"

"欧盟开放数据战略"将重点加强在数据处理技术、数据门户网站和科研数据基础设施三方面的投入，旨在欧洲企业与市民能自由获取欧盟公共管理部门的所有信息，建立一个汇集不同成员国及欧洲机构数据的"泛欧门户"。目前比较成功的应用有英国制药

（www.data.gov.uk/apps/uk-pharmacy），通过智能手机帮助市民在英国找到距离最近的药店。

2.3.2 欧盟云计算专家组提交先进云计算技术路线图报告

2013年1月4日，欧盟云计算专家组向欧盟委员会提交了题为《H2020下的先进云计算技术路线图》的报告。报告分析了预期的市场发展及面临的技术挑战，提出了具体的技术路线图来帮助欧盟应对这些挑战，以在全球云计算市场中发挥关键作用。报告将需开展的研发主题分为三大类：需立即开展的研发主题、可持续性的研发主题和变革性主题[13]。

（1）需立即开展的研发主题

1）管理数据洪流：以使云计算能够维持适当的数据流量，并以可接受的方式处理不同的媒体流。这特别需要在数据的结构化和处理大数据的机制方面进行改进。

2）通过基于智能软件的智能联网来改进联网，确保在服务水平协议允许的范围内提供适当的延迟。

3）提高可切实利用云计算功能的能力，尤其是应用的灵活性，证明按需提供所需资源同时满足特殊使用需求的好处。

4）通过更好地理解资源类型及其与使用案例的关系，提高应用程序的性能和可移植性。这需要在现有的网格和相关领域基础上进行扩展。

5）更好地理解和处理脆弱性问题，以克服利用云计算过程中的安全缺乏问题。这包括改进鉴定和认证，以及保持对业外用户的透明度等。

6）通过提高可移植性和互操作性，减少对专有解决方案的锁定，使各组织确定其应用程序与数据能够从一个云计算基础设施或平台供应商转移至另一个供应商，并与其他云计算供应商所拥有的应用程序实现互操作。

7）支持云计算供应商间的竞争与合作，以在成本、价格、性能、安全等方面获得更大的灵活性。

（2）可持续性的研发主题

1）更好地理解应用程序与用户使用行为间的关系，以及能更有效满足这种关系的能力。这将实现服务提供的改进、资源的更好利用和更加节能，包括：

第一，加强用于描述数据、软件、服务、资源、用户的元数据，以允许云计算中间件来自动管理服务的发现与执行。

第二，针对云计算应用程序的软件工程环境，以使开发人员能快速和低成本地设计与开发用于云计算环境的软件。

第三，确定和提供在一系列应用领域中的典型云计算利用模式，这将为长期愿景中可预见的更全面的服务奠定基础。

2）加强基于丰富元数据和相关服务的机制，以应对一个云中及跨多个云的日益增长的异构性，这将为个性化的服务提供和利用铺平道路。

（3）变革性主题

1）管理大数据的新范式：异构的分布式数据提供使传统的数据管理技术不再适用，需要探索管理大数据的新范式。

2）新的供云计算中间件用以优化执行的编程范式：传统的命令式编程方式在动态的、异构的、分布式的云计算环境中不太适用。新的编程范式（可能以声明式编程和绑定执行时间数据的方式）需要提供灵活性、异构性和一致性等功能。

3）用于实现互操作性和联盟的新技术：云计算的分布式异构特性需要能实现应用程序跨云互操作的新方法，以及实现多种异构云平台的联盟以面向应用环境提供一个统一平台。

2.4　英国

英国将大数据列为战略性技术，给予高度关注。英国政府紧随美国之后，推出一系列支持大数据发展的举措，并于 2012～2014 年提出多项重点资助技术和领域，都将大数据的开发列入其中。

2.4.1　英国卫生部发布数字医疗战略

2012 年 12 月底，英国卫生部发布《数字战略：引领医疗保健的文化变革》[14]，旨在利用先进工具与技术来加强交流，提高公众参与的效率。这是对 2012 年 11 月发布的《英国数字化战略》的回应。卫生部在战略中明确作出 5 方面的承诺，其中包括推动医疗保健系统的变革：①实施"数字第一"战略，以提供统一的方式来数字化访问医疗保健系统，包括将英国国家医疗服务体系、社会福利机构所提供的最好的信息与服务整合进一个单一的用户服务平台。②在医疗保健系统内部建立一支有活力的数字化专家队伍，并提供一个共享最佳实践、案例和数字知识的数字空间。

2013 年 7 月，医学研究理事会（MRC）投资 2000 万英镑，建立名为"Farr 研究院"的英国健康信息研究机构。Farr 研究院将汇集高水平的医疗专家和计算机专家，通过复杂的方法收集健康信息及对大数据进行分析，提高人们对癌症、心脏病、脑卒中等疾病的了解，有望建成为世界领先的电子健康研究机构。

2.4.2 英国推动生物大数据队列研究

为了推动药物研发并改善治疗方案，英国政府资助 10 万人基因组计划。这是全球第一个引入基因测序的主流健康服务，可帮助医生更好地认识疾病，选择药物和所需治疗方案；同时，还将加速靶向药物的研发，显著减少同时代癌症患者过早死亡的数量。

对于癌症方面的疗法开发，英国政府已经批准了 1 亿英镑的专项拨款，用于：①培养新一代的英国遗传学家，开展新药和新疗法开发，使英国成为该领域的世界领导者；②培养更广泛的社区医疗保健系统共同利用该技术；③推动对癌症和罕见遗传性疾病的 DNA 测序；④建立 NHS 数据基础设施以确保这项技术能够更好地为患者服务。随着基因组测序成本不断降低，这项技术在疾病中的应用也将为医疗保健体系带来一场变革，个性化的药物和治疗将有望成为现实。

2.4.3 英国出资资助大数据相关研究

2012 年 12 月 5 日，英国财政部宣布投入 6 亿英镑，支持包括大数据与高能效计算（energy efficient computing）在内的 6 个领域的研究与创新[15]。英国商业、创新与技能部在 2013 年 1 月宣布，增加 4.9 亿英镑，加大对八大重点技术领域的研发投入，其中对地观测、医药等领域的大数据分析与低能耗计算，资助额为 1.89 亿英镑[16]，是获得资金最多的领域。据测算，通过合理、高效使用大数据技术，英国政府每年可节省约 330 亿英镑，相当于英国每人每年节省约 500 英镑。为了在医疗领域更好地应用大数据，2013 年 5 月，英国政府和李嘉诚基金会联合投资设立全球首个综合运用大数据技术的医药卫生科研机构，将透过高通量生物数据，与业界共同界定药物标靶，处理目前在新药开发过程中关键的瓶颈，之后还将汇集遗传学、流行病学、临床、化学和计算机科学等领域的顶尖人才，集中分析庞大的医疗数据。

英国医学研究理事会（Medical Research Council，MRC）2014 年投资 3200 万英镑资助"医学生物信息学计划"（medical bioinformatics initiative）首批项目（表 2.2），来提高医学生物信息学的能力、产能和核心基础设施。这项计划预计总投资 5000 万英镑，将通过建立耦合复杂生物数据和健康记录的新方法，来解决关键的医学难题[17]。

表 2.2　英国 MRC "医学生物信息学计划"首批资助项目

主要受资助机构	资助内容或发展方向	资助规模
利兹 MRC 医学生物信息学中心	用于合作的基础设施	580 万英镑
牛津大学大数据研究所	用于发展和传播大型、复杂、多样化的临床数据集的有效分析方法。	600 万英镑
MRC/乌干达病毒研究所乌干达研究机构	MRC/乌干达病毒研究所医疗信息学中心	280 万英镑
英国华威大学	医学微生物生物信息学 MRC 联盟	850 万英镑
伦敦大学学院	用于个性化医学的数据驱动发现	890 万英镑

2.5　日本

日本的大数据战略以"开创新市场，促进经济增长"为核心，重点集中在大数据技术的研发。日本政府把大数据作为提升日本竞争力的关键。日本政府认为，提升日本竞争力，大数据应用不可或缺。

2.5.1　日本将大数据上升到国家战略高度

日本在新一轮 IT 振兴计划中把发展大数据作为国家战略的重要内容，新的 ICT 战略重点关注大数据应用技术。日本总务省 2012 年 7 月推出了新的综合战略"活力 ICT 日本"，将重点关注大数据应用，并将其作为 2013 年 6 个主要任务之一，聚焦大数据应用所需的、社会化媒体等智能技术开发，以及在新医疗技术开发等公共领域的应用。2013年 2 月 22 日，日本总务省针对 4 项涉及网络和大数据技术的信息通信技术研发课题进行公开招标，其中包括海量微数据的有效传输技术研发（经费 1 亿日元，约合 96 万美元）与强大的大数据利用技术研发（经费 1 亿日元）。2013 年 3 月 5 日，由日本科学技术振兴委员会（JST）承担的战略性创造研究推广业务设定了 2013 年的 5 大战略目标[18]，目标之一是开发革命性信息技术及相关数理方法，通过大数据的利用创造新知识。

具体目标包括以下几项。

1）促进大数据在各个领域的使用，开发下一代应用基础技术：开展相关研究，以更轻松地传输、压缩和保存多样化且海量的应用数据（医疗数据、对地观测数据、防灾数据、社交数据等）；通过图像数据、三维数据等多样化数据的检索、比较和分析抽提出有意义的信息；利用应用数据实现科学新发现，如阐明致病因素、预测气候变化等；利用定量数据来构建与人体、自然现象等有关的多样化数理模型，并结合实际测得的数据获取新知识。

2）开发下一代基础技术并使其成为一个体系，以对各个领域的大数据进行综合分析：开发数据清洗技术，以及能自动进行数据注解的技术；开发数据挖掘技术，促进机器学习的进展；开发能从多样化应用数据的相关性中发现新知识的可视化技术；开发有助于实现大数据共享的系统技术（数据处理、元数据管理、可追溯、匿名、安全、计费等）；开发能发现问题本质和分析大数据结构的数理方法。

2.5.2　日本的生物大数据研究"另辟蹊径"

除了上述的大数据通用技术研发，日本很早就确定了生物大数据的研究方向。1995 年，当日本开始小鼠百科全书计划（The Mouse Encyclopedia Project）时，美国已经在大规模的人类基因组计划上遥遥领先，且日本在基因组科学研究方面落后于美国和欧洲国家。对日本而言，在此领域开展一个原始项目并开发一个新的技术显得尤为重要。因此，日本将研究重心从基因组测序转移到转录组测序项目上。此后，数量庞大的非编码 RNA 所组成的"RNA 大陆（RNA continent）"日渐浮出水面，功能 RNA 研究项目（Functional RNA Research Program）由此启动。为了在 RNA 研究领域保持竞争性，日本于 2000 年发起了先后有 15 个国家 50 个研究机构参加的大型多国协作计划"哺乳动物基因组功能注释（Functional Annotation of the Mammalian Genome，FANTOM）"。由日本理化学研究所（Institute of Physical and Chemical Research，RIKEN）牵头开展人类和小鼠 RNA 转录组的系统研究。目前，该计划已经开展到第五阶段（FANTOM 5），旨在揭示人类基因组如何编码组成人体的不同细胞，共有来自全球 20 个国家和地区、分属于 114 个科研机构的超过 250 名生物细胞学和生物信息学领域的专家参与。

随着 2000 年 FANTOM 计划的开展与 2001 年人类基因组计划的基本完成，全球基因组研究的焦点转移到功能基因组学分析上来。因此，日本文部科学省于 2004 年启动了基因组网络计划（Genome Network Project）。该项目拥有 RIKEN 和日本国家遗传学研究所（National Institute of Genetics，NIG）两个核心研究机构，由 5 个研究项目组成，包括"功能学基因组信息分析"、"下一代基因组分析技术的发展"、"特异生物学功能的分析"、"人类基因组网络平台的构建"和"动态网络的分析技术的发展"，其研究内容均与非编码 RNA 有着直接或间接的联系。通过将小鼠百科全书计划与基因组网络计划这两者结果和技术的结合，可以加深对生命现象的理解。2005 年，日本推出了为期 5 年的功能 RNA 计划（Functional RNA Project），仅 2006 年就投入 8.6 亿日元，主要目标是发展预测、分析和检测非编码 RNA 及其功能的技术。此后，日本 RIKEN 承担了生命科学加速器（Life Science Accelerator，LSA）计划等重大研究项目。LSA 计划着眼于构建一个快速解码"生命程序"的系统或是细胞中分子互作的网络，不仅是软件和硬件的组合，还是一个包含必要的技术、设施、技能和人力资源的集成平台，通过收集和分析细胞上的各种研究数据来阐明分子网络。

在生物大数据的应用方面，日本也取得了显著成效。富山大学附属医院在最近 9 年间共积累了 1700 万件病例记录、1000 万个客户 1.43 亿件用药处方及 300 万件病名。富山大学附属医院以这些数据作为基础，目前实时地提供"处方知识"和"输入支援功能"。"处方知识"可根据患者的具体症状与病情，协助医师分析出最佳药物处方方案。而"输入支援功能"则可将输入的单词和文章的候选，通过下拉菜单进行多项提示，可帮助医师提高电子病历的输入作业效率。此外，日本研究人员利用大数据预测流感，结果精确，为其日后利用大数据来准确预测传染病的流行情况奠定了技术基础。

特别是在 2013 年，日本首相安倍晋三提议创建一个日本版本的 NIH 作为经济发展战略的一部分，并组建了一支由整个内阁构成的健康和医疗战略推广团队，以监督该计划的实施。日本工业竞争力委员会指出其能"强有力地支持创新医疗技术的商业化"，这也是日本科研人员"将生物医学的基础研究和临床研究更好地联系起来"的切身诉求。从本质上来说，这同样是对转化医学中的生物医学大数据及其产业发展的支持。相较于美国 NIH 对于基础、转化和临床研究的广泛覆盖，日本的 NIH 更注重科技产出；与美国 NIH 的大额预算和来源广泛的研究投资相比，日本的 NIH 起步规模小，且以目标为导向。虽然当下仍然面临诸多困难，但日本 NIH 的成立"遥遥在望"，将会为生物大数据的研究注入一股新鲜活力。

2.6 法国

2.6.1 法国数字化路线图推动大数据发展

法国软件编辑联盟（AFDEL）曾号召政府部门和私人企业共同合作，投入 3 亿欧元用于推动大数据领域的发展。法国政府在《数字化路线图》中列出了 5 项将会大力支持的战略性高新技术，而"大数据"是其重要内容。2013 年 4 月法国政府召开"第二届巴黎大数据大会"，会上法国经济、财政和工业部门宣布将投入 1150 万欧元用于支持 7 个未来重点项目。这些项目的目的在于"通过发展创新性解决方案，并将其用于实践，来促进法国在大数据领域的发展"。

2013 年 9 月 25 日，法国卫生和社会事务部及教育研究部联合发布了法国国家卫生战略计划（Stratégie nationale de Santé，SNS）。新的战略计划提出了医疗保健体系面临的巨大挑战，重点阐述了发展改进医疗保健体系相关的优先政策。其中，法国政府宣布公开发布一个药物数据库，保证患者能够更加便捷地了解相关信息。

2.6.2 法国机构联合启动 E-Biothon 生物大数据云项目

2013 年 11 月 19 日，法国国家科学研究中心（CNRS）、IBM 公司、法国国家信息与自动化研究院（Inria）、法国生物信息学研究所（Institut Français de Bioinformatique）及创新型企业 SysFera 联合启动了 E-Biothon 项目。

E-Biothon 是一个实验云平台，帮助加速并促进生物学、健康、环境等相关方面研究。E-Biothon 拥有 200 太字节（TB）的储存能力及每秒 28 万亿次浮点的计算能力，为科研人员及整个科学界提供了一个具有极高处理能力的应用门户。这使得科研界能够处理现今复杂的生物数据，也使得在未来利用这些数据开发应用软件成为可能。

平台主机部分设置在科技信息技术发展与资源研究所（Idris），这是 CNRS 靠近巴黎的一个高性能密集数据计算中心。通过和一个具有极高处理能力的应用门户的整合，平台能够帮助研究人员开发新的软件及应用，从而激励生物学、医药卫生、特别是基因组学和蛋白质组学等领域的研究。项目的目标是尽快提高对于基因疾病的认识水平，特别是神经肌肉疾病领域，同时大大加速新的、突破性疗法的发现。项目同样希望能加速生态学——生物多样性的研究，以加深对于环境的理解。

2.7 加拿大

加拿大于 2013 年 3 月公布了 2013～2014 财年（2013 年 4 月 1 日

至 2014 年 3 月 31 日）联邦财政预算案，其中明确指出要加强加拿大基因组学研究能力，提供资助支持加拿大基因组学研究人员的国际、国内合作，在未来 3 年内启动新的大规模的研究竞赛，实施科研成果转化、帮助企业创新的战略。随后，加拿大又启动了基因组学和个性化健康竞赛中的 4 个研究项目，耗资 1370 万美元。2013 年 6 月初，加拿大宣布启动一个新的基因组项目——基因组应用合作计划（Genomic Applications Partnership Program，GAPP），主要资助下游研发项目，促进基因组技术与解决方案的应用，促进基因组技术的转移和商业化，增加基因组研究的社会经济影响，同时促进学术界和用户间的合作互动。2013 年 12 月，加拿大基因组组织（Genome Canada）发布基因组技术应用于具体产业战略（Sector Strategies for Genomic Applications）系列报告。报告指出，基因组学及其相关前沿科学技术正在逐渐影响加拿大的各行各业（包括农业、能源与医疗卫生等领域），将驱动行业的进步、产能、商业化和国际竞争力。

2.7.1 加拿大推出政策框架应对大数据基础设施建设挑战

2012 年 6 月 29 日，儿童肠道与肝脏疾病基金会（CH.I.L.D）宣布将与加拿大健康研究院（CIHR）合作，成立加拿大儿童肠道炎症疾病（IBD）网络。该网络至少由 5 个中心组成，这些中心分布于加拿大全国各地，并对加拿大国内的优秀研究者开放。该网络和数据平台将有助于分享儿童 IBD 治疗的最新研究进展和最新的理念，将这些最新成果尽可能快速地应用到新的治疗方案中。

2013 年 10 月 16 日，加拿大社会科学与人文研究理事会、自然科学与工程研究理事会、加拿大卫生研究院、加拿大创新基金会、加拿大基因组机构联合发布《加拿大推进数据奖励政策框架》，以应对大数据基础设施方面的挑战。

此政策框架主要包括 3 方面内容：①数据管理文化的建议。科研资助机构、科研机构、科学协会等应参照世界先进的科研数据管理经验，共同开发清晰的数据管理政策和准则，引起人们对科研文化中数据管理的重视，并促进适当的数据管理系统和能力的开发。②利益相关方的参与。加拿大的科研环境鼓励合作与交流，个人和机构可联合力量解决长期的规划问题，采取自下而上的行动形成数据管理蓝图。资助机构将与其他机构一起会商，并与包括省州在内的所有利益相关方合作开发加拿大国家科研数据基础设施生态系统。③发展能力与未来资助因素。为创建面向未来的数据科研环境，需要重新考虑资助国家级数据基础设施的因素，尤其要平衡国家、省、机构利益相关者之间的角色和责任，确保各方都能实现高效率和有效的支持。加拿大资助机构将在广泛合作的基础上，鼓励一系列世界顶级的数据管理中心的建立和运行。

2.7.2　加拿大加强公众参与，支持 eHealth 创新

2012 年 12 月，加拿大个人基因组计划（Personal Genome Project Canada，PGP-C）正式发布，首次为加拿大民众提供了参与人类遗传学与健康研究的机会。现今，基因测序正在成为主流医学。PGP-C 希望从加拿大的视角探索如何处理利用测序技术与信息科学获取的各项数据，以及其在经济上对隐私、健康的影响。

通过与美国哈佛医学院个人基因组计划（Harvard Medical School's Personal Genome Project，PGP-HMS）的合作，PGP-C 将在 2013 年对 100 名加拿大人的基因进行测序。这两个计划预计将在 10 年间对总计 10 万人进行测序，所得遗传信息将作为控制数据，置于公用库中供全球科研人员使用。解码这 10 万人的基因组将为理解疾病的遗传变异及其防护机制提供基础，帮助科研人员研究癌症、孤独症等疾病，并用于开发人类基因组序列信息分析的计算机软件。

2013 年 5 月 27 日，加拿大卫生部部长在 2013 年"eHealth：加速改变"会议上宣布启动"电子健康创新的催化剂资助计划"，该计划将资助 16 个聚焦于发展创新型电子健康（eHealth）技术的新研究项目。这些技术将利用电子病历、互联网技术和移动设备，给人们带来便利。

eHealth 是加拿大医疗保健的重要推进器。加拿大政府已经向加拿大健康信息公路（Canada Health Infoway）投资了 21 亿美元，支持该机构与加拿大全国各省、地区及其他利益相关方合作，推进电子医疗记录及其他电子医疗技术的可及性，使更多患者使用电子医疗记录，提高医疗保健系统的质量和效率。

2.7.3　加拿大推动生物大数据软件工具开发应用

2013 年 5 月 29 日，加拿大卫生部部长宣布加拿大政府将推出新的、由加拿大卫生部授权的患者药物临床试验公共数据库。这一新举措将为加拿大的临床试验提供教育引导。患者、卫生保健专业人员和公众将可以在加拿大卫生部的网站上找到关于患者药物临床试验的信息，并可以核实药物试验是否受到加拿大的监管授权。加拿大卫生部将会对数据库进行维护和更新，以便囊括阶段 I、II、III 所有临床试验的患者。

提供临床试验中央数据库访问途径，是加拿大政府进一步增加临床试验透明度的第一步，将有助于填补现有的信息缺口。

2014 年 4 月 30 日，加拿大政府宣布将通过开发相关的软件与工具，来有效地处理庞大的数据，并探索治疗癌症的方法。受加拿大自然科学和工程研究理事会（NSERC）前沿探索项目（Discovery Frontier）的资助，该项目将致力于开发功能强大的新型计算工具，从而使研究人员能够在数以万计的癌症样本中精确分析基因数据，以便于更好地了解癌症的发生、发展，以及通过哪些治疗方法能获得最佳的治疗效果。该项目的核心在于设计制造一个全新的云计算设施，使得肿瘤基因组合作实验室（Cancer Genome Collaboratory）有能力处理由国际癌症基因组协会（ICGC）从世界各地约 2.5 万名癌症患者中收集到的遗传图谱。由于合作实验室中所使用的基因数据详细至极，因而个人身份认证与隐私问题是该项目设计过程中的核心问题。

2.8　中国

2.8.1　我国大数据发展的宏观政策环境不断完善

我国在"十二五"期间加大了对大数据研发的支持。2012 年 7 月，国务院发布了《"十二五"国家战略性新兴产业发展规划》，其中提到开展智能海量数据处理相关软件研发和产业化、推进海量数据存储设备产业化。在工业和信息化部（工信部）2011 年发布的《物联网"十二五"发展规划》中，也将信息处理技术作为 4 项关键技术创新工程之一，着重强调围绕重点应用行业，开展海量数据新型存储介质、网络存储、虚拟存储等技术的研发，实现海量数据存储的安全、稳定和可靠。2012 年 3 月，"十二五"国家科技计划公布了 2013 年度信息技术领域备选项目指南，其中在先进计算研究领域提到"面向大数据的先进存储结构及关键技术"。

我国对生物大数据的重视和支持，起源于医疗信息化的发展。2014 年 2 月，科技部 863 计划生物和医药技术领域首次对大数据进行资助，提出"开展生物大数据开发与利用关键技术研究"，重点集中在医疗健康领域的技术与应用，包括：①生物大数据标准化和集成、融合技术；②生物大数据表述索引、搜索与存储访问技术；③心血管疾病和肿瘤疾病大数据处理分析与应用研究；④基于区域医疗与健康大数据处理分析与应用研究；⑤组学大数据中心和知识库构建与服务技术等 5 个方面。

2015 年 7 月 1 日，国务院发布《关于运用大数据加强对市场主体服务和监管的若干意见》，旨在加快政府部门利用大数据技术提升治理效率、重构治理模式、破解治理难题，这对于提升政府服务和监管水平是一个里程碑式的举措。2015 年 9 月 3 日，国务院发布《关于促进大数据发展行动纲要》，在政府数据开放共享、产业基础、顶层设计、统筹规划、各个领域创新应用等方面进行了清晰的部署。在《纲要》出台的 10 项大数据工程中，包括 4 项与政府服务有关的工程：政府数据资源共享开放工程、国家大数据资源统筹发展工程、政府治理大数据工程、公共服务大数据工程。统筹利用政府和社会数据资源，构建医疗健康服务、医疗健康服务、交通旅游服务大数据，优化公共资源配置，提升公共服务水平。在 2018 年年底前建成政府数据统一开放平台，2020 年年底前逐步实现民生保障服务相关领域的政府数据集向社会开放。国家大数据重要文件的连续发布，其意义之重大不言而喻，表明我国国家级大数据发展战略部署和顶层设计方案正式出台。

2.8.2　地方政府积极推动大数据发展

2013 年以来，我国地方政府也陆续出台了大数据的推进计划。总体上看，各地大数据发展政策各有侧重，形成了不同的模式。模式一是强调研发及公共领域应用。例如，上海市《推进大数据研究与发展三年行动计划》提出，将在 3 年内选取医疗卫生、食品安全、科技服务等 6 个有基础的领域，建设大数据公共服务平台。模式二是强调以大数据引领产业转型升级。例如，北京中关村《关于加快培育大数据产业集群推动产业转型升级的意见》提出，要充分发挥大数据在工业化与信息化深度融合中的关键作用，推动中关村国家自主创新示范区产业转型升级。模式三是强调建立大数据基地，吸纳企业落户。例如，广东、重庆、贵州、陕西、湖北等地都提出建设大数据产业基地的计划，力图将大数据培育成本地的支柱产业。在地方积极推动大数据发展的同时，也应警惕将"大数据"简单等同于"大数据中心"、盲目上马大规模园区建设的潜在过热风险。

以上海为例，上海目前正在加强对大数据领域的深化研究。2013年，上海启动推进大数据研究与发展的 3 年行动计划，重点选取医疗卫生、食品安全、终身教育、智慧交通、公共安全、科技服务等具有大数据基础的领域探索建设大数据公共服务平台。上海市政府于 2014年 5 月明确上海将率先实行政府数据资源向社会开放，出自 28 个市级政府部门、涵盖 11 个领域的 190 项数据内容将成为今年重点开放对象，包括医院床位信息、候诊人数信息等内容。国内首个政府数据服务网（www.datashanghai.gov.cn）作为开放统一入口，提供数据查询、浏览、下载等功能。

2.8.3　中国生物大数据资源产出丰富

在中国科技部等部门的资助下，生物医学领域研究在过去的 10 多年来获得了大量资金，并产生了海量的数据，怎样动态高效地对这些数据进行二次挖掘还有待推动。例如，中国科学院启动中国人群肝癌的个性化图谱群及分子分型模式项目，总投资额达到 10 亿。整个项目涉及上万个样本，将产生 4 PB 数据，从基因组信息到蛋白质与代谢信息、基因组测序与数据验证、转录组测序到数据验证，最后目标是找到肝癌、糖尿病等疾病的生物标志物、治疗靶点，并进行预警分析。目前，在公共或私人领域中，已经有超过 350 000 个私人人类个体基因组被测序，产生了大约 1000 PB 数据，这是难以同时解决的巨大数据量。中英临床试验样本银行也是一个正在进行的项目，将产生 PB 级乃至 EB 级的 DNA 及相关数据。在国际上，美国也启动了类似的项目，但其中关键的数据并不释放到公共资源中。因此，此类项目的实施对于国家战略有非常重要的意义。

中国已经成为世界领先的不断产生生物大数据的国家，然而，目前还没有一个类似 NCBI、DDBJ、EBI 的国家级生物数据库中心或联盟，以促进生物数据量数据挖掘，并在国内和国际上共享。因此，中国目前只是一个生物大数据资源大国，而不是强国。

参 考 文 献

[1] Gonzaga-Jauregui C, Lupski J R, Gibbs R A. Human genome sequencing in health and disease[J]. Annual review of medicine, 2012, 63: 35

[2] Lander E S, Linton L M, Birren B, et al. Initial sequencing and analysis of the human genome[J]. Nature, 2001, 409(6822): 860-921

[3] 贺福初. 大发现时代的 "生命组学" (代序)[J]. 中国科学: 生命科学, 2013, 1: 001

[4] 陈润生. 非编码 RNA[J]. Progress in Biochemistry and Biophysics, 2013, 40(7): 591-592

[5] Office of Science and Technology Policy Executive Office of the President. OBAMA ADMINISTRATION UNVEILS "BIG DATA" INITIATIVE: ANNOUNCES $200 MILLION IN NEW R&D INVESTMENTS[OL]. http://www.whitehouse.gov/sites/default/files/microsites/ostp/big_data_press_release_final_2.pdf. [2012-03-29]

[6] National Science Foundation. NSF Announces Interagency Progress on Administration's Big Data Initiative[OL]. http://www.nsf.gov/news/news_summ.jsp?cntn_id=125610&org=NSF& from=news. [2012-10-03]

[7] National Science Foundation. Critical Techniques and Technologies for Advancing Big Data Science & Engineering (BIGDATA)[OL]. http://www.nsf.gov/pubs/2014/nsf14543/nsf14543.htm.[2014-06-09]

[8] National Institutes of Health. National NIH proposes critical initiatives to sustain future of U.S. biomedical research OL]. http: //www.nih.gov/news/health/dec2012/od-07.htm. [2012-12-07]

[9] National Institutes of Health. NIH Launches $96M Initiative for Big Data Centers of Excellence[OL]. http: //grants.nih.gov/grants/guide/rfa-files/RFA-HG-13-009.html.[2013-07-22]

[10] National Institutes of Health. FY 2014 Budget Executive Summary-Department of Health and Human Services National Institutes of Health[OL]. http: //officeofbudget.od.nih.gov/pdfs/FY14/Tab%201%20-%20Executive%20Summary_final.pdf.[2013-04-10]

[11] Whitehouse. Fact Sheet: Data to Knowledge to Action: New Announcements[OL]. http: //www.whitehouse.gov/sites/default/files/microsites/ostp/Data2ActionAnnouncements.pdf. [2013-11- 12]

[12] The National Consortium for Data Science. Data to Discovery: Genomes to Health[OL].

http://data2discovery.org/dev/wp-content/uploads/2014/02/NCDS-Summit-2013.pdf. [2014-03-15]

[13] Lutz Schubert & Keith Jeffery. A roadmap for Advanced Cloud Technologies under H2020 [OL]. http://cordis.europa.eu/fp7/ict/ssai/docs/future-cc-2may-finalreport-experts.pdf. [2013-01-04]

[14] UK Department of Health. Digital strategy: Leading the culture change in health and care published[OL]. http://digitalhealth.dh.gov.uk/digital-strategy/executive-summary/8. [2012-12-20]

[15] Biotechnology and Biological Sciences Research Council. £600 million investment in research and innovation welcomed[OL]. http://www.bbsrc.ac.uk/news/policy/2012/121205-n-600m- investment.aspx. [2012-12-05]

[16] UK Government. Eight great technologies[OL]. https://www.gov.uk/government/speeches/eight-great-technologies. [2013-01-24]

[17] UK Medical Research Council. Medical Bioinformatics: Science Minister David Willetts announces £32 million towards improving data research[OL]. http://www.mrc.ac.uk/ Newspublications/News/MRC009720. [2014-06-23]

[18] 平成 25 年度戦略目標の決定について(科学技術振興機構(JST)戦略的創造研[OL]. http://www.mext.go.jp/b_menu/houdou/25/03/1331298.htm. [2013-03-05]

第 *3* 章

生物大数据带来的革命性意义

　　随着信息技术的发展，世界正在由资本经济时代向数据经济时代过渡，各类文件、档案、数据资源都能够以数字化的方式加以存储，全球的大数据时代已经到来。大数据作为一种新的资源，在社会的各个方面发挥着重要的作用，有力推动着社会经济的发展。

　　作为大数据重要的应用领域之一，生物大数据随着高通量测序技术、组学技术的发展而产生。生物大数据的资源多样，包括科学研究的实验数据、涉及人类健康相关领域的数据，这些数据蕴涵着巨大的价值，对生物大数据的价值挖掘与有效利用已成为国家战略资源，许多国家已经制定了相应的计划来通过生物大数据推动经济的增长。随着大数据研究与应用投入的不断加大，生物大数据带来了生物行业的一次变革，并创造出巨大的经济价值和社会价值，生物大数据已成为全球生物行业发展的新助力，将给生物行业的发展带来划时代的意义。

本章作者：马俊才　中国科学院微生物研究所；
　　　　　范月蕾　中国科学院上海生命科学信息中心

3.1 生物大数据引发生命科学研究领域的变革

自 2003 年人类基因组计划完成以来，以美国为代表的世界主要发达国家纷纷启动了生命科学基础研究计划，如国际千人基因组计划、DNA 百科全书计划、英国 10 万人基因组计划等。这些计划引领生物数据呈爆炸式增长，并随着高通量测序技术的快速发展，使生命科学研究获得了强大的数据产生能力，目前每年全球产生的生物数据总量已达 EB 级，这预示着生物大数据时代的到来。

3.1.1 生物大数据带来全球性数据集成，生命科学变身"数据科学"

生物大数据的出现带来了生命科学各个领域生物数据的集成整合，引发了全球范围内的数据革命，生命科学在某种程度上已经成为"数据科学"。

随着新一代测序技术的不断发展，基因组大数据海量产生，这也引起了基因数据的集成整合。全球三大基因数据库美国国立生物技术信息中心（NCBI）的 GenBank、欧洲生物信息学研究所（EBI）的 EMBL 数据库、日本 DNA 数据库（DDBJ）的基因组数据每年都以指数式增长。其中 EMBL 数据库存储了约 2PB 的数据，而美国的 GenBank 数据库仅高通量测序数据（SRA）一项存储的数据总量就超过了 3PB，对外发布的数据量达到 1640 TB。为应对基因组数据的增长，三大数据库共同组成国际 DNA 数据库，以进行基因组数据的集成整合。三大数据库每日都不断交换更新数据和信息，其中，DDBJ 主持国际 DNA 数据库咨询会议和国际 DNA 数据库协作会议，互相交换信息。国内也拉开基因组数据整合的序幕，华大基因研究院（BGI）每天产出包括人、植物、动物和微生物在内的约 6 TB 基因组数据，并于 2015 年建立了国家基因库，用于不同来源基因组数据的整合。

基因组层面生物大数据的发展也带动了其他生命科学领域组学大数据的产生，如蛋白质组、代谢组、糖组、脂质组、生理组等组学大数据海量出现。以蛋白质组学为例，继基因组计划实施和完成后，蛋白质组生物大数据成为最大、最重要和最核心的科学数据。2002 年，全球蛋白质资源数据库 UniProt 建成。UniProt 是由欧洲生物信息学研究所（EBI）、美国蛋白质信息资源（PIR）及瑞士生物信息研究所（SIB）等机构共同组成，该数据库的大小接近 10 万个条目，其目的是集中收录蛋白质资源并将其与其他相关资源进行集成整合。2014 年，美国和德国、印度等国际研究小组公布了人类蛋白质组草图，这一草图全面覆盖了超过 80%的人类预期蛋白质组，其中还有一些之前未曾被发现的蛋白质[1]。同年，德国慕尼黑工业大学创新性地推出了一个搜索性公共数据库 ProteomicsDB，这一数据库公布了 18 097 个基因获得蛋白，占目前预计人类蛋白质总数的 92%[2]。国内的蛋白质组学研究一直处于国际领先地位，2014 年，中国科学家开启了"中国人类蛋白质组计划（CNHPP）"，这一计划将有力推动蛋白质领域大数据的集成整合。蛋白质领域大数据将全景式地揭示人体蛋白质组成及其调控规律，详细解读人类的基因组。

　　各个组学大数据的不断产生引发了生命科学领域数据的全面整合。据统计，全球至少已经有超过 1300 个在线生物信息学数据库，所有与生命科学相关的信息都存储于这些数据库中。目前，全球共有三大生命科学共享数据库，分别是美国国立生物技术信息中心（NCBI）、欧洲生物信息学研究所（EBI）的 EMBL 数据库、日本 DNA 数据库（DDBJ）。这三大生物数据中心掌握并管理着全世界主要生物数据和知识资源，并正在逐步调整其定位，实现生物大数据支持乃至科技决策支撑的角色转换。尤其是 NCBI 已经在生物医学领域建立起了大规模的科学数据服务机制。另外，生物大数据也促成了一些交叉学科的兴起，这些交叉学科也进行着生物数据的集成整合。一个比较典型的例子是系统生物学，作为后基因组时代的新秀，系统生物学是一种整合型大科学，它将系统内不同性质的构成要素（基因、mRNA、蛋白质、生物小分子等）整合在一起进行研究。对于多细胞生物而言，系统生物学更要实现从基因到细胞、到组织、到个体的各个层次的整合。

　　由此，生物大数据已经渗透到生命科学各个研究领域，在未来，随着生物大数据的不断集成整合，将彻底改变科学领域的研究思维方式，生命科学研究将从实验驱动转型为大数据驱动。

3.1.2 大数据的挖掘与分析成为生命科学领域的创新引擎

随着全球生物大数据的海量产生，生命科学各领域大数据的集成整合，生命科学已经步入了"大数据"时代，生命科学研究正从传统的科研方式向基于数据的科学发现的方式转变。在某种程度上，生命科学的科研创新已然演变成"数据大战"，大数据的挖掘与分析成为科学研究的重要手段之一，也成为各国生命科学研究领域提高科研创新能力及竞争力的关键要素。

对生物大数据的分析研究会不断地冲击传统科研的思维模式，带来思维的变革。生物大数据的挖掘与分析具有与传统科研思维不同的特点，例如，①生物大数据挖掘分析与事物相关的所有数据，而非少量数据样本，研究的样本数量趋近于总体数量；②生物大数据挖掘追求的是效率和趋势，而非绝对的准确性；③生物大数据挖掘更多关注事物的相关关系而非因果关系。

大数据挖掘与分析技术已主导了生命科学研究领域的重要创新。2010 年，美国科学家实现人工合成支原体基因组，培育出由人造基因组控制的、可自我复制的细菌细胞，标志着人类实现首个"人造生命"[3]。2012 年，美国科学家首次模拟了来自人类病原菌支原体整个生命周期，提出一个全细胞计算机模型[4]。2014 年，美国、英国、法国等多国研究人员组成的科研小组合成了具有正常功能的酵母染色体，这是一项具有里程碑意义的研究成果[5]。由此可见，生物大数据的解析技术几乎覆盖了整个生命科学领域。据统计，从 2000 年至今，有关高通量生物实验数据分析与应用科研文献已达到 21 000 篇，数量呈爆发式增长。

放眼国际、国内，大数据的挖掘与分析已经成为各国生命科学研究领域提高科研水平的重要因素，并上升到国家战略层面。2012 年，美国奥巴马政府宣布推出"大数据的研究和发展计划"，承诺将投资 2 亿多美元，大力推动和改善与大数据相关的收集、组织和分析工具及技术，以推进从数据集合中获取知识和洞见的能力。美国国立卫生研究院（NIH）建立了一系列生物大数据分析技术专业研究机构，专门研究生物大数据分析、生物大数据管理、海量生物知识管理与知识库建设等，从根本上提升美国生物大数据的挖掘分析水平。2014 年，NIH更是投资 3200 万美元设立一个奖项，以推动研究人员开发分析和使用生物学大数据库的方法。此外，美国能源部、农业部等部门也针对自身领域需要，建设了专业生物大数据的产生分析机构。据不完全统计，美国目前已有上千个生物大数据分析工具和系统，其中半数以上为美国科学家和研究机构所研制。不仅美国，欧盟国家也对生物领域的大数据挖掘分析十分重视。2013 年，欧盟出台了一系列脑科学计划，这些计划的实施将产生无法估量的成像数据、脑连接组数据，大数据分析成为计划目标实现的关键。2014 年，英国医学研究理事会（MRC）投资 3200 万英镑资助首批 5 大项目，来提高医学生物信息学的能力、产能和核心基础设施，建立耦合复杂生物数据和健康记录的新方法，以期解决关键的医学难题。在国内，随着国家对科技投入的不断加大，生命科学的各个领域也开始了大数据挖掘与分析的研究布局。2014 年，中国生物技术发展中心发布《国家高技术研究发展计划（863 计划）生物和医药技术领域 2015 年度项目申报指南》，在生物和医药技术领域已经部署"生物大数据开发与利用关键技术研究"，涉及的内容包括生物大数据标准化和集成、融合技术，生物大数据表述索引、搜索与存储访问技术，心血管疾病和肿瘤疾病大数据处理分析与应用研究，区域医疗和健康大数据处理分析与应用研究，组学大数据中心和知识库构建与服务技术等。

应用生物大数据的挖掘与分析技术可以使科研人员直接发现生命科学相关领域的新知识，加速取得科研成果，提高科研创新能力。运用多种生物大数据挖掘技术探索数据规律，可以为科研人员的科研设计提供科学依据，为科研命题指明方向，保证科研的成功率，提高科研的竞争力。随着大数据挖掘与分析技术的不断进步，其在未来的科学研究中将发挥更大的作用。

3.1.3　生物大数据实现了生命科学资源的全球共享

生物大数据作为生命科学研究领域的"石油"，其价值不仅仅在于提供海量的数据，更重要的在于这些生物大数据资源的全球共享和广泛利用。

对生物大数据的利用水平将决定国家生物领域及相关战略性产业的发展水平高低和核心竞争力强弱。2014 年，美国启动了"大数据到知识"（Big Data to Knowledge，BD2K）计划，其计划的首要目标在于通过技术、方法、政策，引导对可共享生物大数据的合理获取，促进大范围的数据共享、发表、管理、维护及有效的再利用。我国也开始将生物大数据上升为国家战略，2015 年，工信部将编制大数据产业"十三五"（2016～2020 年）发展规划，首次将大数据作为经济发展的重要战略要素，大数据产业的发展重点在大数据技术分析、资源共享、产业应用等，这将有利于生物大数据的广泛应用。

生物大数据是重要的大数据应用领域，其主要包括高通量生物实验数据、海量生物和医学知识及相关的医学临床数据和健康检测数据等。这些数据资源可以在生命科学各个领域共享使用，并可以广泛应用于医疗、健康、医药、农业、环境、能源等战略性产业。目前国际三大生命科学数据库都能实现资源的全球共享，这有利于科研人员提高科研效率，加速获得科研成果。高通量的生物实验数据将在基因研究中起到关键作用，如大规模基因测序中的信息分析，完整基因组的比较，新基因和新的单核苷酸多态性的发现与鉴定等，这有利于科研人员加速获得科研成果。而蛋白质组学大数据在蛋白质领域研究中也将发挥重要作用，可以实现高效的蛋白质数据的分析，而且可以对已知的或新的基因产物进行全面的功能分析，如蛋白质结构与功能关系的研究、蛋白质空间结构预测、建模和分子设计及蛋白质功能预测等。此外，细胞表型、代谢过程等其他组学数据的分析利用对一些基础研究领域将发挥支撑促进作用。医学临床数据和健康检测数据可以在医疗行业中实现共享，将推动免疫学和药物研发等相关生物医学领域的快速发展，其应用主要包括：①开展组学研究及不同组学间的关联研究。从环境、个体生活方式和行为等组学，至个体细胞分子水平上的基因组学、表观组学、转录组学、蛋白质组学、代谢组学、宏基因组学，再到个体健康和疾病状态的表型组学等。②快速识别生物标志物和研发药物。在药物研发方面，生物大数据使得科研人员对病因和疾病发生机制的理解更加深入，有助于识别生物靶点和研发药物；同时，充分利用海量组学数据、已有药物的研究数据和高通量药物筛选，能加速药物筛选过程。③快速筛检未知病原和发现可疑致病微生物。通过采集未知病原样本，对病原进行测序，并将未知病原与已知病原的基因序列进行比对，从而判断其为已知病原或与其最接近的病原类型，据此推测其来源和传播路线、开展药物筛选。④实时开展生物监测与公共卫生监测，为免疫学领域的研究提供可靠的数据资料。公共卫生监测包括传染病监测、慢性非传染性疾病及相关危险因素监测、健康相关监测等。

生物大数据的全球共享将推动大数据在生命科学各领域的广泛应用，促进生命科学的快速发展。

3.1.4　生物大数据的典型应用——"大数据"时代下微生物学研究趋势

随着生物大数据时代的到来，微生物及其基因资源数据也正呈现爆炸性增长，微生物学研究正从以数据为支撑逐渐向以数据为中心转变，海量数据的整理整合和开放共享对于微生物资源的研究和利用变得至关重要，微生物学已进入了组学数据时代。

进入到组学数据时代的微生物研究呈现出越来越显著的特点：一方面是数据量极大，另一方面，针对海量数据的挖掘和利用对数据的存储和数据的分析提出了越来越高的要求。微生物研究的过程涉及一个环环相扣的研究链条，在链条上每一个节点所侧重的研究内容各有不同，包括对微生物资源的采集和保藏、微生物资源的应用研究、微生物组学研究及微生物的生物技术研究。而每一个环节所需要使用的数据类型，以及针对数据所需要使用的分析方法也有所区别。因此，一个良好的数据支撑，需要不仅为科学家提供数据本身，还需要针对科学家对数据的不同应用，提供一个个性化、可定制的数据分析服务。

海量微生物数据资源的整合和开放共享对于微生物资源的研究和利用至关重要。微生物资源是生命科学和生物技术创新的物质基础，已形成了人类赖以生存和发展的重要物质基础和生物技术创新的重要源泉，将这些有价值的资源妥善保存和利用，建立高标准的生物资源中心，对人类社会的协调和可持续发展十分必要。在联合国教科文组织的支持下，成立了世界菌种保藏联盟（WFCC），其旨在为各菌种保藏中心的建立提供支持帮助，在保藏中心与用户之间建立联系和信息网络，组织召开研讨会和国际会议、发行出版物和新闻通信，保证重要的保藏中心得以长期运营[6]。1996 年，世界菌种保藏联盟先行建立了一个覆盖全球的国际菌种资源数据库，即世界微生物数据中心（WFCC World Data Center for Microorganism，WDCM）。2010 年，中国科学院微生物研究所战胜了其他竞争对手，成为 WDCM 新的主持单位。这是国际生物学领域第一个设立在发展中国家的世界数据中心，其落户中国标志着我国微生物学研究领域在国际上影响力的大幅提升，也给中国微生物资源研究与利用带来了巨大的发展机遇。

在与微生物相关的数据资源建设方面，国内许多单位已经分别建立了近百个生物信息资源数据库，数据总量达到 PB 数量级。目前90%以上生命科学数据分布在北京、上海和深圳。这些数据大多以数据库或者综合平台的方式，发表在国际知名杂志上。在国家 863 计划的支持下，我国生物信息技术与平台管理技术体系已经成熟。北京和上海建立了分布式的生命科学基础公共信息分享平台，为国际公共数据库的引进、我国生物学基础科学数据的共享、二次数据库的开发做了大量卓有成效的工作，为我国在分布式的生命科学基础公共信息分享平台建设奠定了良好基础。

为了推动全球微生物资源数据的共享和利用，更好地整合来自不同来源、不同数据格式的微生物相关的数据，世界微生物数据中心在全球保藏中心之间倡导建立了一个全球微生物菌种资源目录（Global Catalogue of Microorganism），旨在为目前分散在全球各个保藏中心和科学家手中珍贵的微生物资源提供一个全球统一的数据门户，此门户系统将覆盖主要保藏中心的重要微生物资源，并且包括微生物资源在采集、鉴定、保藏和应用方面的详细信息。这一目录建立起了一套统一的全球微生物菌种目录，对主要保藏中心的目录进行标准化整理，提供统一的检索出口。同时在目录中集成利用自动化的知识挖掘方法得到的关于微生物资源的文献、专利、序列、基因组等其他知识资源，并开发多种途径的数据检索工具和数据推送、数据定制服务。

在大数据的背景下，未来的微生物学研究必将朝着形成一个全方位的微生物资源研究、开发与应用的网络的方向发展，微生物研究各个环节的联系更加紧密，但每个环节的深度也在不断增加，对数据应用必将提出更高的要求。云技术的发展，为大规模的数据存储、计算和多样化的分析提供了很好的解决方案。因此，利用云技术，为科学家提供既包括整合型的数据，又能够提供可定制的数据分析服务的平台，也将是未来微生物数据研究的一个重要趋势。

3.2　生物大数据带来生物产业发展的新契机

随着生物技术的进步，生物产业进入了一个飞速发展的阶段，由此产生的行业数据也随之急剧膨胀。但是与其他行业不同，生物行业由于自身产业结构的问题，其数据存在着明显的分散、破碎、低透明度，以及意义尚等解析的问题。其中较为突出的是，生物行业的数据信息量很大，不同的解析分析策略可能得出丰富的结果。

对于生物产业数据自身的这些特点，计算往往比较复杂，传统的数据分析手段此时就会显得耗时耗力，效率低下。同时，生物行业的历史数据又需要长期保存，这将导致数据的维护成本逐年增加并成为研发机构的一大负担。旧有的分析方法俨然成为了大数据时代下生物产业发展的绊脚石，行业急需对原有的研究方法进行创新，引入计算机科学领域的大数据、云计算、分布式计算等技术，实现跨学科合作，"将沉睡的数据唤醒过来"。这些变化无疑都为生物产业的发展提供了新的机会[7]。

3.2.1　大数据的开发与利用催生生物产业新形态

生物产业与计算机技术的跨学科合作是新一轮生物产业变革的核心特征，也是把握变革契机、抢占技术竞争制高点的优势领域。大数据的开发与利用将促进生物产业与计算机技术更广、更深、更快地融合，催生生物大数据、生物云计算等多种新服务形态，创造规模庞大的跨界新兴市场。

具体来说，生物大数据是大数据分析在生物领域的应用，具有结构复杂、专业性强、专用性突出等特点，发展潜力巨大。当前生物大数据在行业中的应用，主要还集中在数据收集、数据分析、数据存储等领域。例如，小米公司的手环通过可穿戴设备对人体健康数据进行采集；Google 公司新成立的 Calico 利用大数据进行人类衰老及相关疾病方面的研究；亚马逊通过云平台托管国际千人基因组技术的大数据库。以上这些应用，都是科技企业根据生物产业数据的不同特点，提供的跨学科技术融合的解决方案。这些企业有别于传统的生物企业，它们本身就是生物产业新形态的现实代表。

综上所述，生物大数据通过面向生物行业数据的汇集、管理、共享与利用等重大需求，在数据控制、集成融合、索引组织、存储管理、搜索访问、数据可视化及数据建模、知识库构建等关键技术上提供服务。它对生物产业发展的推动主要体现在以下几方面：首先，以数据为驱动力。数量庞大、来源多样、结构复杂的数据是大数据产业发展的源泉。基因组测序数据、医院诊疗数据、移动健康数据等相继为产业发展打开了崭新的门户。其次，以技术为支撑力。随着数据数量庞大化与种类丰富化的发展，以测序技术、分布式运算技术为代表的高端技术奠定了大数据产业获取、储存、处理、分析和展示的基础。最后，以应用为导向力，大数据产业的落脚点会有别于传统产业，是一个解构、破坏、塑造、重建的过程。

3.2.2 生物医药是大数据最主要的应用领域

目前，生物医药产业是生物大数据的主要应用领域。早在数十年前，制药公司就开始存储数据，成千上万病患参加的临床试验为各大制药公司提供了丰富的产业数据。这里的每一个样本都可能产生几兆数据，面对如此大数量级的数据，即使是大型制药公司也需要帮助。例如，罗氏公司调研后发现，公司前一个世纪的研发数据量与 2011 年和 2012 年从癌细胞株大规模试验过程产生的数据量相比，前者仅是后者的 2 倍，为了能从这些存储的数据中挖掘到更有价值的信息，该团队与来自加利福尼亚州的 PointCross 公司合作，构建了一个可以灵活查找罗氏公司 25 年间相关数据的平台，从而通过对已获得的数据的挖掘与分析开发新的药物[8]。

生物医药在发展过程中积淀的数据资源，是大数据时代的基础之一。而大数据的整合、挖掘和应用，也引发了生物医药领域的变革。值得强调的是，大数据不仅为生物医药研究带来了新的技术手段，还具有大规模降低医疗费用的潜在效益。我国目前每年医疗费用总额超过 2.4 万亿元，按麦肯锡报告预测，通过合理利用大数据我国每年将节省医疗费用近 2000 亿元[9]。这些都是生物大数据为生物医药产业带来的益处。

3.2.3 促进基因测序服务产业化

在基因测序方面，生物大数据带来的改变最为明显。以人类基因组计划为例，在 2002 年公布第一个人类基因组序列时，集中了来自 20 个研究所的专家、基础设施和人员，历经 13 年的辛劳，花费了大约 30 亿美元，获得了大约 30 亿个核苷酸的顺序。而今天测出一个人的基因组仅需 1000 美元，一周就可以产生超过 320 个基因组[10]。大幅降低的费用使得基因测序技术可以走进普通人家，从 2006 年开始，23AndMe 公司就开始提供个人基因组数据分析服务，目前其受益者总数已超过 50 万人[11]。现在人们已经可以通过基因测序技术预防乳腺癌和阿尔茨海默病。作为一个新兴的服务产业，它正享受着大数据带来的益处。

3.2.4 打造药物研发新手段

在药物研发方面，生物大数据使得人们对病因和疾病发生机制的理解更加深入，从而有助于识别生物靶点和研发药物。新药研发受累于不断下滑的成功率和停滞的产品线，传统的药物筛选是低通量的，充分利用海量组学数据、已有药物的研究数据和高通量药物筛选，能加速药物筛选过程，大数据或将成为突破这一瓶颈的关键因素。随着"开放创新（open innovation）"理论提出，药物研发机构未来可能共享药物筛选数据。这将对药物研发行业产生颠覆性的影响。以英国为例，2013 年首个综合运用大数据技术的医药卫生科研中心在牛津大学成立。该中心主要搜集、储存和分析大量医疗信息，确定新药物的研发方向，从而减少药物开发成本，同时为发现新的治疗手段提供线索。

这些方向都可能是未来的重要大数据源。

目前，生物大数据应用于药物研发主要集中在两个方面[12]：第一，网络药理学。网络生物学采用数学图论模型对其进行研究，借助于成熟的网络拓扑学理论、属性及研究方法，对涉及的疾病分子及其相互作用抽象为网络节点和边，利用相关计算方法对其研究，寻找新的发现、新的方法。探索新的算法程序，开发针对性的应用程序将是网络药理学研究中的必要任务，建立完整可靠的蛋白质网络数据库、疾病网络数据库及药物网络数据库势在必行。复杂网络计算方法的运用及计算工具的开发将可以快速推进网络药理学的普及与应用，有利于加快新药物的研发进程，推进生物医药产业发展，造福人类。第二，分子对接。在现代药物研究中开发出的新药往往会出现"单药多靶"或"单靶多药"的情形，使得在用药过程中出现意想不到的后果。使用计算机辅助药物设计中的分子对接技术可以有效地预测药物分子潜在的作用靶标，可以为药物作用机制的研究提供方向性指导。

对于药物研发的管理，它是耗时非常长，数据量非常庞大的过程。多家企业通过提供相关的数据服务，提升药物的研发效率从而降低研发成本，如日本富士通公司针对日本的中小型企业研究过程中的数据管理提供了 SaaS 服务，目前已有多家公司应用了该项服务，如美国 AMAG 制药公司，这家公司通过采用 SaaS 模式的软件服务，使药物研发等各类数据的安全性得到有效的保证。

3.2.5 推动临床诊疗技术发展

在临床诊疗方面，生物大数据也扮演着十分重要的角色。当前，我们正处于一个数据爆炸性增长的大数据时代，医疗卫生机构对各类信息系统的广泛应用及医疗设备和仪器的逐步数字化，使得医院积累了更多的数据资源，这些数据资源是非常宝贵的医疗卫生信息，对于疾病的诊断、治疗、诊疗费用的控制等都是非常有价值的[13]。生物大数据在临床医疗领域的作用主要表现在以下 3 方面。

第一，致病因素关联分析。通过检索病案数据库中大量的患者病情信息及患者的个人信息，使用聚类分析算法对这些信息进行关联性分析，以发现某种疾病与外在环境因素的潜在关系，指导患者远离这些致病因素，有效降低或预测疾病的发生。例如，美国杜克（Duke）大学 Prather 等利用数据挖掘有关技术成功地对 Duke 大学医学中心的产科患者早产的 3 个危险因素进行了分析。

第二，提高诊断准确率。疾病的致病因素错综复杂，而且不同阶段症状各不相同，不同疾病之间有时会具有高度相似的病症特征，大数据分析技术有关分类分析的方法可应用于疾病快速高效的病情诊断。其中华南理工大学秦中广等利用粗糙集理论对类风湿病进行诊断，取得了良好的效果。美国爱荷华大学 Kusiak 等使用大数据处理的相关算法对实体性肺结节进行诊断，准确率高达 100%。IBM 公司通过提供超级计算机"Watson"来帮助医生对患者的病情进行诊断，服务 7000 万人。

第三，病情发展预测。基于大量的病例数据信息，使用人工智能技术有效地对数据进行高效精确的判读，归纳形成规律性的知识，将其应用于疾病发展趋势的预测可以大大提高病情发展预测的准确性。研究表明，基于大量数据分析的早产预测准确率远远高于人工预测。使用大数据技术可以进行行为或趋势自动预测、关联分析、聚类分析及偏差检验等，不但可应用于病情诊断和演化预测、DNA 序列相似搜索与比较、疾病相关因素分析及诊断数据监测和确认，还可以应用于医学图像分析、药理毒理信息挖掘、药物的不良反应发现等。大部分从事生命科学的研究人员一辈子可能也就会关注某一个物种，或者某一种疾病，甚至可能只是其中的某一条信号通路。例如，美国斯坦福大学 Butte 教授及其实验室通过搜集、使用并分析各个公开数据库里现有的信息，在糖尿病、肥胖症、移植排斥反应及新药发现等方面都颇有建树[14]。

3.2.6 完善疾病预警监测机制

大数据的运用不仅能分析过去，更重要的是能预测未来，生物大数据在对疾病预防领域的影响也是颠覆性的。2009 年，谷歌公司首次利用检索词条与疾控中心的季节性流感数据进行比较分析，在疾控中心之前成功预测了当年甲型 H1N1 流感的爆发及传播源头，显示了大数据分析的及时有效[15]。2013 年，美国启动了利用大数据技术开展流感疫情的防治工作，美国公共健康协会与斯科尔全球性威胁基金合作，推出了用于收集流感症状发展信息的 FluNearYou 程序，每周一次的调查报告可以帮助防灾组织、研究人员及公共卫生官员为流感疫情的扩散、预测可能爆发的流感疫情做好准备。2014 年以来，百度疾病预测提供流感、肝炎、肺结核和性病等 4 种流行病预测服务，对未来 7 天的区域疾病流行爆发趋势进行预测和分析，已覆盖全国 331 个地级市，2870 个区县[16]。

3.2.7 大数据应用推进"生物大数据"产业发展

大数据的研究正不断冲击着传统的思维模式，带来思维的变革，产业的变革，不仅在生物医药领域，甚至在生物环保、能源等生物产业中，也将会发挥更大的作用，带领生物产业走向辉煌，同时，生物产业的发展带来的更多行业数据，也将反作用于大数据产业，促使其更好的发展，为相关学科的技术进步打下更好的基础。

大数据领域在技术进步的同时，也蕴涵着巨大的产业价值。根据美国 BCC Research 公司研究显示，仅就与高通量测序相关的组学大数据而言，至 2018 年，其市场总额将增长至 76 亿美元，复合年增长率达到 71%[17]。市场对大数据解决方案有着强劲的需求，但是目前传统的企业在提供服务时，难以在更高的层面有所突破，尤其是在生物领域，这种需求更要求生物产业与计算机技术的跨学科合作。正是这种技术融合发展的无限潜力，使得许多非生物技术领域的企业投资开发生物领域。例如，苹果、谷歌、三星、索尼、LG、佳明等公司开发的可以监测心律、血压和血氧含量的医疗可穿戴设备是典型的产品代表，有预测表明，2018 年消费者手中的可穿戴设备数量有望达到 1.3 亿部[18]。据路透社报道，亚马逊和谷歌正针对人类 DNA 存储数据展开较量，两家公司都希望借此帮助科学家在医学领域作出新发现，并争取在基因云存储市场中占据份额。到 2018 年，该市场的规模可达到每年 10 亿美元，如谷歌正在开发、测试的隐形眼镜原型产品，以监测眼泪中的葡萄糖水平；苹果公司正在开发的带有医疗功能的智能手表产品等。在国内，生物技术与信息技术的融合也在如火如荼地进行着，预计到

2015 年，中国大数据应用市场规模将有望达到 144.96 亿元人民币。百度、阿里巴巴等我国互联网巨头已纷纷进军生物大数据产业。2015 年，百度与国内医疗领域的权威机构 301 医院达成战略合作，共同搭建移动互联网医疗线上平台，随后推出的"百度医生"App 连接患者与医疗服务，是目前全网最大规模、资源独家的病例库。同年，阿里巴巴集团与国际医疗巨头默沙东中国宣布达成战略合作，双方有意结合默沙东在医疗行业的优势和阿里巴巴的平台技术优势，在多个方面展开合作，共同服务客户。以上这些应用，都是生物技术与信息技术的融合。这些企业有别于传统的生物企业，它们走在生物大数据产业的前沿，悄然形成新的商业模式，在大数据的研究、分析和应用中获益。

总而言之，大数据的应用将推动传统产业向中高端迈进。大数据在生物产业的广泛应用有效促进了技术创新、提升了企业竞争力，并培育了新的经济业态，预计未来生物大数据在生物产业的发展中将起到越来越重要的作用。

3.3　生物大数据的未来展望

随着中国的生物企业、互联网企业及相关服务企业在大数据领域内的不断探索，生物大数据行业的新技术、新产品、新模式会不断涌现。这将推动我国生物产业的转型升级，开辟新的发展空间，预计生物大数据的未来有着无限可能，前景十分可期。

3.3.1　生物大数据从"概念"走向"价值"

人类已经进入了一个"数据化生存"的时代，从 2012 年开始，大数据就成为一个社会各界都高度关注的热词，很多领域都应用了大数据的概念。与 2012 年不同的是，生物大数据领域已经开始落实大数据的价值，从而衍生出一批由大数据驱动的业务模式。目前，全球多家大数据巨头争相抢占生物大数据市场，如亚马逊和谷歌通过为科学家提供人类 DNA 数据存储服务促进医学新发现的产生，从而在基因云存储市场抢得先机，预计到 2018 年，基因云储存市场规模可达到每年 10 亿美元。除了存储服务外，谷歌和亚马逊还为科学家提供 DNA 数据分析服务。微软和 IBM 也竞相在这一市场中占据份额。数据挖掘与数据分析能力已成为生命科学产业提升企业竞争力，占领经济发展制高点的有效保证。

在数据时代，大数据之争就是未来之争。传统的信息处理与数据分析能力已不能满足生物产业的快速发展，未来的生物企业不仅要拥有数据，更要分析、解读和挖掘数据。大数据正引领着传统模式的变革，随着生物大数据的重要性不断提升，生命领域的研究机构与企业将从拥有的数据中获取更多的研究价值、市场价值与经济价值，从而推动生命领域基础研究与相关产业的持续发展[19]。

3.3.2 可视化进一步提升生物大数据应用价值

过去十几年中，以基因组学、医学遗传学和神经信息学等为代表的生命科学各研究领域，以前所未有的增长趋势，积累了海量的数据信息。这些数据类型复杂、数量庞大，其中蕴含的价值更是不可估量。通过传统的处理手段，难以理清海量原始数据中错综复杂的关联信息。在大数据时代，需要强有力的工具实现数据可视化。当大数据以直观的可视化的图形形式展示在分析者面前时，分析者往往能够一眼洞悉数据背后隐藏的信息并转化成知识及智慧。而针对生物大数据的可视化研究，将有利于科研人员对复杂数据进行多角度观察并获取有效信息。生物数据量越大，复杂性越高，可视化在生物有效信息挖掘方面发挥的作用就越大[20]。

可视化对生物数据的分析至关重要，以生物数据的特性来看，一般情况下仅凭文字很难描述清楚其中存在的复杂关系。可视化不仅可以用来进行形象展示，更是数据分析的第一个战场，对生物数据进行良好的直观、交互性展示可以揭示出数据内在的错综复杂的关联状况。总之，大数据的可视化促使人的感知、认知能力与计算机的分析、计算能力融合，辅助人们更为直观和高效地洞悉大数据背后的信息，是提升大数据服务能力的有效手段。

3.3.3 基于大数据的推荐与预测将逐步流行

在计算机技术里大数据的核心是预测。它通常被视为人工智能的一部分，被认为是一种机器学习。但是这种定义是有误导性的，大数据不是要教机器像人一样思考。相反，它是把数学算法运用到海量的数据上来预测事情发生的可能性。例如，百度利用大数据来预测世界杯足球赛的比分。这些预测系统之所以能够成功，关键在于它们是建立在海量数据的基础之上的。此外，随着系统接收到的数据越来越多，通过记录找到的最好的预测与模式，可以对系统进行改进。

同样，在生命科学领域，许多单纯依靠人类判断或现今仍无法预测的领域都会慢慢被计算机系统所改变甚至取代。例如，在人体健康领域，结合智能硬件，可以利用大数据预测慢性疾病；在疾病疫情方面，可以根据人们的搜索情况、购物行为，利用大数据预测疫情的爆发。此外，利用大数据还可以进行更加长期和宏观的环境与生态变迁预测，防止森林和农田面积缩小、野生动植物濒危、海岸线上升等这些生态问题的发生[21]。

3.3.4　生物大数据与云计算的深度结合是未来的发展趋势

云计算是实现生物大数据的核心，云计算为大数据提供弹性可扩展的基础设施支撑环境及数据服务的高效模式，生物大数据则为云计算提供了新的商业价值，两者相辅相成[22]。

通过生物大数据与云计算的集合，研究人员可以运用云计算模式对以兆计算的生物大数据进行实时动态管理和智能分析，如此高效、高速地利用这些大数据，将为生命科学领域带来无限机遇。云计算促进生物技术与互联网的智能融合，生物技术与互联网的整合需要依靠高效、动态、可以大规模扩展的技术资源处理能力，而云计算模式则可以利用成百上千台服务器云，通过分布式计算系统达到这种能力，从而提供廉价、便捷的服务。例如，谷歌基因组已开启了基因组云存储服务，Seven Bridges Genomics 提供基因排序研究和生物制药产品服务。在云计算的创新型服务交付模式下，基于云计算的生物大数据企业，可以实现商业模式的快速创新，使生物大数据产业得到更好的发展。

3.3.5　生物大数据的商品化促进产业大变革

每一次新技术的应用，都是产业的变革和人类生活方式的变化。

在大数据时代，数据因为新技术的应用而商品化，正成为一种新的资源。

生物大数据共享的联盟化是提升大数据资源价值的必要途径。大数据这种新资源的价值不在于数据本身，而是它所带有的分析价值，分析结果的普适性就会决定数据价值的高低。例如，对于医疗行业，每一个医院可以对自己的数据进行分析，从而获得相应的价值，但如果想获得更多、更大的价值，就需要全国，甚至全世界的医疗信息共享，这样才能够通过平台进行分析，获取更大的价值。所以未来大数据可能会呈现一种共享的趋势，在细分行业领域出现数据联盟。

3.4 生物大数据给中国带来的机遇与挑战

对于一个国家而言，重要领域的大数据已成为战略资源，拥有数据的规模和运用数据的能力将成为一个国家综合国力的重要标志。我国幅员辽阔，生物样本资源丰富，随着国家对科技投入的不断加大，生物数据迅速增长，我国已成为生物数据大国，生物大数据为我国生命科学技术和产业的发展带来了无限机遇，但同样也为我国带来了许多挑战。

3.4.1 生物大数据给我国带来的机遇

（1）生物大数据促进我国建立国家生物大数据中心

随着高通量技术的发展，我国生命科学、生物医药的研究已经全面进入了大数据时代。在大数据背景下，我国在继续积累公共生物数据的同时，可以将国内的各个生物数据库进行整合，建立国家生物大数据中心，统一规范地管理国内生物信息资源和数据，推进加入国际重要数据库联盟进程，成为具有真正涵义的中国"自主"数据库。

作为一个数据产生大国，我国目前仍然被看作国际公共生物数据的免费用户，对国际生物信息资源共享的贡献没有得到充分的肯定。长期以来，我国产出的生物学数据相当部分必须存放到发达国家的数据库里，才能得到科技界承认，许多生物数据处于"出口转内销"的模式。我国的科学家要使用这些科研数据时不得不从国外数据库下载，然而由于网络的瓶颈，这些大数据的下载给科研人员带来了诸多烦恼。

这导致中国在国际生物信息资源上几乎无话语权，并造成各种负面影响。因此，针对此现状，我国应该建立国家生物大数据中心，保障我国数字主权，统筹管理和合理利用国家生物大数据战略资源，通过国家科技政策，集中突破生物大数据核心技术，形成自主关键技术与系统产品，打破欧美技术限制。

生物大数据为我国生物数据的整合带来了机遇，通过建立自主的国家生物大数据中心，有望结束我国对国外数据资源的依赖，并推动我国生物技术领域的快速发展。

（2）生物大数据加快我国生物行业产学研一体化

生物大数据是国家战略资源，对生物大数据资源的管理和利用将会为国家创造出巨大的经济和社会价值，也是生物大数据体现其巨大科学与产业价值的关键。我国作为日益强大的世界大国，无论是从产业发展潜力还是国家战略安全角度考虑，都必须在大数据领域有所作为。尤其是生物大数据的有效利用，将会加速我国生物大数据的产业化进程。

生物大数据蕴含着巨大的产业价值，世界主要发达国家对生物大数据极其重视，已经形成了科研机构、大学及企业合作机制，促进了生物大数据的利用。我国也需要通过政府政策规划，建立生物大数据平台等方式建立科技与产业的联系，将生物大数据的应用转化形成企业合作机制，以科研提供数据，以数据转化效益，以效益维持科研，搭建起科技推动产业发展的桥梁。我国政府、企业、大学、科研机构都需要积极行动起来，共同推动生物大数据发展，促进我国的生物大数据资源系统利用和发掘。

随着数据资源整合、数据技术应用和数据基础设施走向成熟，生物大数据研究最终将走向产业化发展，形成具有强大竞争力的产业链，进而大幅度提升我国生物医学产业、信息产业和一大批相关产业的发展。

（3）世界微生物数据中心（WDCM）落户推动我国微生物大数据的研究与应用

微生物是生命科学研究不可替代的基本材料，对科技创新和产业发展有重要的价值，随着信息技术的发展，我国微生物研究领域进入大数据时代，而世界微生物数据中心（WDCM）在中国的落户将大力推动我国微生物数据资源的研究和应用，并提升我国微生物研究领域的国际影响力。

2010 年，隶属于世界菌种保藏联合会（WFCC）的世界微生物数据中心（WDCM）落户中国科学院微生物研究所，成为中国生命科学领域的第一个世界数据中心。该中心是全球 70 多个国家 673 个微生物资源保藏机构的数据总中心，也是全球最重要的微生物实物资源数据平台。

WCDM 的落户将把世界上先进的微生物资源管理经验引入我国，极大提升我国微生物资源保藏工作的信息化管理水平和数据质量，有效推动我国微生物资源研究和开发应用上升到一个新的台阶。在国家 863 计划的支持下，WDCM 将进一步开展微生物数字资源整合关键技术研究，整合国内优势团队，并开展广泛的国际合作，建立国际微生物大数据联合研究中心，突破微生物数字资源挖掘和利用的一系列技术瓶颈，实现我国在微生物大数据研究和应用的全球引领地位，推动生物技术应用和生物产业发展。

WDCM 坚持开展"以我为主"的国际合作，倡导全球微生物菌种资源目录（Global Catalogue of Microorganism，GCM）重大国际合作计划，推动并引领全球微生物资源数据的共享及研究迈向新高度。目前已经有来自美国、法国、德国、荷兰等 29 个国家 59 个国际微生物资源保藏机构正式参加这一计划。利用 GCM 的数据平台，WDCM 还与《生物多样性公约》（*Convention on Biological Diversity*，CBD）等国际重大项目和世界知识产权组织（World Intellectual Property Organization，WIPO）等国际组织展开合作，促进微生物资源在各个领域的共享应用，也提升我国微生物领域的影响力。

WDCM 落户中国后，不仅有效推动了我国微生物资源研究和开发应用上升到一个新的台阶，也使我国通过 WDCM，建立了良好的沟通平台，加深了与世界各国的相互理解和合作，提升了我国微生物学领域的国际影响力。作为发展中国家主持世界微生物数据中心，可以引领全球发展中国家的保藏机构更好地进入世界舞台，让世界了解发展中国家的研究现状，争取更多的资源和话语权。

3.4.2 生物大数据给我国带来的挑战

（1）我国在生物大数据领域尚缺乏统一的标准

数据的标准化是大数据分析的前提，数据标准使得研究人员和其他人员得出的数据相互兼容或者可以与其他数据和软件工具集成。通过数据的标准化可以产生更多可用数据，并由此促进资源的共享。生物大数据的标准化是一项艰巨的任务，国内的生物数据资源多样，数据的形式、格式也是多种多样，既有可直接计算的数值数据，也有不可直接计算的自然语言，这导致了数据存在异构化问题。数据的异构化会导致数据的集成整合、数据共享出现问题。目前国内对生物数据缺少一个总体的规划，生物数据存在大量的不兼容性，在生物数据收集、处理、存储和共享等方面缺乏统一的标准。

（2）专业人才缺乏是阻碍生物大数据快速发展的主要因素

相对于国外在生物大数据领域的人才培养，我国在生物大数据领域的人才比较缺乏，尽管我国也有国际顶级刊物上发表的论文和成果，但是总体而言，国内高水准团队还是较少。生物大数据的人才需求分为两部分：一类是应用技术人才，要求会使用数据工具，会分析处理数据，大学毕业，具备数学、统计学、生物学基础，经过培训能胜任即可；另一类是高端研究人才，这一类门槛比较高，所以要寻找能做好生物大数据的人才其实也很不容易。目前国内在复合型人才培养方面还存在不足，开设交叉学科专业的学校也不多，国内高校应在大数据相关学科交叉人才培养方面积极探索，建立有效的人才培养机制。

（3）隐私保护与数据开放之间的协调亟待解决

国内在生物大数据应用中还面临安全与隐私保护的挑战。其中最为迫切需要解决的就是安全问题。这里所说的安全不同于以往的信息安全问题，而是一种新的安全观，需要在利用大数据时找到开放和保护的平衡。例如，涉及个人隐私的数据，既要能够深入挖掘其中给人类带来利益的智慧部分，又要充分保护隐私数据不被滥用，损害到个体的利益。例如，生物医学大数据，因为每个人的生物性状更加独特、可识别，健康保险公司很容易把你和你的基因组对应起来，通过分析你的基因组来计算你将来的疾病风险，从而差别对待每个受保人。国外的做法通常是设置安全机制，采用第三方信息安全审计，并对数据的使用作了明确的规定。

我国应该抓住生物大数据所带来的机遇，提高我国在全世界的竞争力。同时也亟待提出适合国情的大数据发展战略和技术路线，以应对生物大数据所带来的挑战。

参 考 文 献

[1]   Kim M S, Pinto S M, Getnet D, et al. A draft map of the human proteome[J]. Nature, 2014, 509(7502): 575

[2]   Wilhelm M, Schlegl J, Hahne H, et al. Mass-spectrometry-based draft of the human proteome[J]. Nature, 2014, 509(7502): 582

[3]   Daniel D G, Glass H I, Lartigue C, et al. Creation of a Bacterial cell controlled by a chemically synthesized genome[J]. Science, 2010, 329(5987): 52-56

[4]   Karr J R, Sanghvi J C, Macklin D N, et al. A whole-cell computational model predicts phenotype from genotype[J]. Cell, 2012, 150(2): 389-401

[5]   Pennisi E. Building the ultimate yeast genome[J]. Science, 2014, 343(6178): 1426-1429

[6]   Miyazaki S, Sugawara H. Networking of biological resource centers: WDCM experiences[J]. Data Science, 2002, 1(2): 229

[7]   May M. Life science technologies: Big biological impacts from big data[J]. Science, 2014: 1298-1300

[8]   游文娟. 大数据与生命科学 [EB/OL].http: //www.biodiscover.com/news/research/ 110540. html.[2014-06-28]

[9]   中国科学报. 大数据：生物医学变革新契机[EB/OL]. http: //news.sciencenet.cn/ sbhtmlnews/2014/12/294897.shtm?id=294897, [2014-12-09]

[10]   生物 360. Science: 大数据催生大生物学[EB/OL]. http: //www.bio360.net/news/show/ 12448.html?from=timeline&isappinstalled=0, [2014-12-03]

[11]   徐俊培. 个人基因组测序收费将无比低廉[J]. 世界科学, 2009, 6: 16-18

[12]   胡瑞峰, 邢小燕, 孙桂波, 等. 大数据时代下生物信息技术在生物医药领域的应用前景[J]. 药学学报, 2014, 49(11): 1512-1519

[13]   刘颖. 医疗行业大数据分析的应用初探[J]. 装饰, 2014, 6: 40-43

[14]   Service R F. Biology's dry future [J]. Science, 2013, 342: 186-189

[15]   Ginsberg J, Mohebbi M H, Patel R S, et al. Detecting influenza epidemics using search engin query data[J]. Nature, 2009, 457(19): 1012-1014

[16]   百度和 Google 疾病预测有不同[J]. 健康管理, 2015, 3: 28-29

[17]   马俊才. 生物大数据平台：科技推动产业发展的桥梁[J]. 生物技术产业观察生物大数据专刊, 2014: 26-27

[18]   生物技术与信息技术的融合[EB/OL] http: //www.bioon.com/bioindustry/biopharm/ 599730.shtml.[2014-07-01]

[19]   李克. 大数据：从概念化走向价值化[J]. 中国金融电脑, 2014, 3: 19-20

[20]   周琳, 孔雷, 赵方庆. 生物大数据可视化的现状及挑战[J]. 科学通报, 2015, 60: 547–557

[21]   高博. 大数据：未卜先知的神器[N]. 科技日报, 2013-11-20

[22]   李永宏. 大数据与云计算[J]. 统计与管理, 2013, 6: 114-116

第  章

生物大数据开发与利用的关键技术

大数据时代已经来临，这是任何一个国家提升综合国力、任何一个产业寻求突破和发展、任何一门学科创新进步都不能回避的现实。生物大数据是最重要的大数据领域之一，其主要包括高通量生物实验数据、海量生物和医学知识及相关的医学临床数据和健康检测数据等，这些数据正在呈现爆发式增长状态。这些数据广泛涉及生命科学领域的各个方向，并与医疗、健康、医药、农业、环境、能源等战略性产业紧密相关。生物大数据的综合利用将给生物医疗健康领域带来的巨大价值难以估量，给人类医疗健康服务指出全新的发展方向，并将彻底改变传统诊疗模式。其中，基因组、转录组、蛋白质组及代谢组等高通量组学数据的产生对人们深刻认识基因在疾病发生发展及治疗和预防中的作用将产生关键性影响。生物大数据技术重点研究以下 4 方面内容：①建立数据协作与整合中心用于管理生物

本章作者：孙晓濛 刘雷　复旦大学生物医学研究院；
　　　　　洪胜君 陈兴委 吴刚 韩敬东　中国科学院上海生命科学研究院 马普计算生物学所

大数据；②研发数据搜索与共享技术用于生物大数据发布、检索与共享；③研发数据分析方法与工具用于生物大数据的挖掘与分析；④建立生物医学大数据服务中心与服务平台，推动生物大数据应用与转化。

4.1 生物大数据标准化和集成、融合技术

近年来，由于高通量测序等各种高通量生物实验技术的高速发展，生命科学数据量呈爆发式增长态势。生命科学正在爆发一次数据革命，已经名副其实地进入大数据时代。生物大数据的出现加速推动了生命科学重大问题的研究，欧美等发达国家纷纷启动了大量数据驱动的生命科学重大研究计划，如 DNA 百科全书计划、国际千人基因组计划、国际癌基因组计划、英国 10 万人基因组计划、地球微生物计划、美国能源部基因组科学计划等。这些研究计划产生了海量的生物数据，并以此为基础，取得了一系列与医疗、健康、医药、能源、环境等国家重要领域发展密切相关的重大研究成果。当前，生物大数据已经成为一种国家战略资源，拥有数据的规模和运用数据的能力将成为一个国家综合国力的重要标志。

同时，对生物大数据的有效管理和利用是使生物大数据体现出其巨大价值的关键和瓶颈，也为现代生物信息技术的发展带来了巨大的挑战和新的契机。在生物大数据的背景下，今后 5～10 年生物信息技术发展的战略任务将从传统的组学数据比较，逐步发展到对生物大数据的有效存储、管理、多元化分析及实际应用等方面。当前，我国生物大数据研究正处于起步阶段，总体发展水平与世界先进水平尚存在一定差距。在数据产生方面，我国发展水平处于世界前列。但在数据管理、分析和服务方面，我国仍处于较低的发展水平，与世界先进水平差距较大。因此，有效地结合组学、医疗、健康大数据的集成与融合技术，组学数据的清洗技术，数据质量控制技术和数据标准化技术，有助于形成集成组学数据的新一代医疗信息基础系统，支撑基于生物医疗大数据的医疗健康应用与服务。

4.1.1　组学数据的质量控制与标准化

20 世纪 90 年代中期开始，基因芯片技术因其能够同时监测成千上万基因的表达情况而备受青睐，以此产生了海量的基因表达数据集；例如，到 2014 年 3 月 31 日为止，Gene Expression Omnibus（GEO）数据库中已经记录了 1 108 133 个样本的基因表达数据。然而，其发展过程颇为曲折。约 10 年前，随着该技术的逐步广泛应用，基因芯片技术的可靠性也曾经受到越来越多的质疑（如 Marshall E，Science 2004：Getting the noise out of gene arrays）：不同的实验室，不同的芯片平台，实验结果参差不齐。那么，造成这种差异的因素到底是什么？如何控制芯片的质量从而提高芯片结果的可靠性和可重复性？这曾经成为基因芯片研究和应用领域面临的巨大挑战。同样，近几年来，随着下一代测序技术的兴起和越来越广泛的应用，同样的问题正在上演。并且，由于其数据结构更加复杂、数据更加庞大且应用更具有多样性，下一代测序技术所面临的挑战更大。芯片技术和下一代测序技术作为药物基因组学、毒理基因组学及个体化给药研究领域最为核心的技术，对于疾病和药物不良反应的诊断、预测和预防具有至关重要的意义，其结果的可靠性直接关系着临床患者的生命健康安全。因此，芯片技术和下一代测序技术在成功用于临床实践和管理决策之前，必须要建立一套严格的质量评估标准来确保数据的可靠性和可重复性。

近年来，随着组学技术蓬勃发展，出现了大量的算法和软件，涉及原始数据质控、功能相关的定性定量分析，以及分子标志物筛选的方方面面。就原始数据质控而言，高通量测序分析中包括参考序列依赖与否的不同工具，如完全基于测序仪报告质量值的 FastQC（Andrews，n.d.）和依赖参考序列联配质量的 NGSUtils[1]。这些方法可以直观反映技术自身的准确性，然而如何在功能相关的定性定量分析中减少技术偏差并发挥技术优势，构成了方法学发展的中心问题。对这一问题的解决方法往往要经历从简单过滤，到分层校正再到整体建模的发展过程。这一过程反映了组学工具从局部分析到整体分析的发展模式，也反映了计算效率与计算精度的平衡关系。在高通量测序数据分析中，各个阶段的代表工具包括过滤工具 SolexaQA[2]、数据校正工具 Quake[3]、定量校正工具 Genominator[4]，以及分析质控整合工具 GATK[5]。

随着组学技术在生物医学研究中的高速推广，组学分析工具不仅要面对组学数据快速积累带来的计算效率的要求，同时也要处理不同技术、不同层次的样本与技术差异，满足面向个性化医疗应用所需的更高的计算精度和评估标准的要求。这两方面的挑战必然带来计算效能的提高及质控标准的提高，并促成计算精度与计算效率的再平衡。

此外，蛋白质组及代谢组研究主要依赖的质谱技术还存在由制造商与平台多样性带来的数据与算法多样性问题。在数据格式方面，由于质谱仪种类繁多，数据格式的转换成为数据处理的一个瓶颈。ProteoWizard[6]目前可以读取 AB、Thermo、Bruker、Agilent、Waters 五大公司的原始质谱数据，统一输出 mzXML、mgf 等格式的 PeakList，并可以根据用户的特殊需求进行谱图采集、同位素峰过滤和谱峰中心化。在蛋白质非标记定量领域中，发表在高水平杂志的算法较多，如 emPAI[7]、APEX[8]、SIN[9]与 iBAQ[10]等，其中 APEX、SIN 与 iBAQ 在标准蛋白质测试中可达与已知浓度 90%以上的符合度[11]。在数据检索方面，众多软件对数据检索的理念各不相同，还缺乏一个专家系统对各个检索软件的结果进行综合评判。

生物组学技术可以高通量、高效率地检测生物分子的状态及变化，帮助医疗工作者和生命科学研究者解释不同生命状态的调控机制及分子标志物。但是，目前大多数生物组学技术依然处于实验室研究阶段，很少能够进入个性化医疗阶段。其技术应用瓶颈之一是不同组学研究所选择的检测方法及检测仪器不同，产出数据的分析流程各异，缺乏一体化的从最原始数据到最终生物学解释、临床检测报告产出的完整流程和质控手段，导致目前大多数的组学数据缺乏横向对比的标准和方法，使得大数据时代最有价值的信息共享、知识库储备的优势无法体现。

4.1.2 电子病历的标准化

目前国内外的电子病历多采用 HL7 CDA 标准。HL7 标准是目前国际上被广泛采用的医疗信息交换标准，它定义了数据交换的标准格式及通信协议等，由美国 HL7 组织负责研究制定。HL7 组织成立于 1987 年，是美国国家标准局（ANSI）授权的从事医疗服务信息传输协议及标准研究和开发的机构。它的主要目的是发展各种医疗信息系统间各项数据信息的传输协议和标准，从而规范临床医学和管理信息格式，降低医院信息系统互连的成本，提高医院信息系统之间数据信息共享的程度。

HL7 CDA 是以交换为目的的规范临床文档结构和语法的标记标准。它基于 HL7 RIM 及 HL7 v3 的数据类型，采用 XML 编码，旨在实现在多个异构的系统中交换不同的患者医疗文档。CDA 标准规定一个 CDA 文档由一个文档头（header）和一个主体（body）组成。一个 CDA 文档是一个已定义的可以存在于 HL7 消息内容以外或在 HL7 消息中的完整信息对象。目前 CDA 已广泛用于医院的电子病历，我国最新的电子病历标准就是基于 CDA 标准制定的。

4.1.3　健康档案的标准化

关于健康档案的标准，目前国内只有卫生部（现国家卫生和计划生育委员会）2009 年发布的《健康档案基本架构与数据标准》，该标准只定义了数据项，未定义数据结构，因此尚不适合于健康档案的构建与交换。在国外很多国家采用的是 openEHR 标准，该标准也已经被纳入了欧洲标准中。openEHR 规范是在过去多年国际性研究与实施结果的基础之上产生的一套开放的 EHR 体系结构。最新的稳定版本是 2008 年 12 月 31 日发布的 1.0.2 版。openEHR 规范的主要思想来源于欧盟 GEHR 项目。继 GEHR 项目之后的很多其他项目，如 synapse 项目、SynEx 项目等，逐渐发展并完善了 GEHR 的结果，对 openEHR 规范带来了一定的影响。

openEHR 首先提出了医学信息系统开发的两层模型，将医学领域知识与通用的数据和信息分离，两部分分别由软件专家和医学专家实现。openEHR 提出的两层模型概念目前已经被广泛接受，HL7 组织在定义 HL7 v3 标准时，也参考了这一思想。

4.1.4 生物大数据的集成与融合

集成/整合（data integration）来自不同数据源的数据，是有效分析和利用数据，发现其蕴含价值的重要步骤。随着医疗信息化的深入，生物医学数据的积累越来越快，人们逐渐认识到前期所建立的大量分散、孤立的系统无法充分发挥积极的作用，临床上正确作出疾病的诊断、治疗、预防措施，必须依赖各类信息的相互支持和印证，最大限度地利用信息的互补性，将不同系统产生的数据和信息进行集成并融合是实现数字医疗的基础和必要条件。务必通过医疗信息集成与融合实现信息的有效沟通和利用，提高工作效率、减少决策失误、落实分工和责任，进而实现工作流的自动化。

在过去的近 30 年时间里，已有大量关于数据集成/整合技术的研究成果[12,13]。传统方式主要是基于 ETL（Extract-Transform-Load）模式（Amanpartap Singh & KHAIRA），从多源系统中抽取（extract）数据，然后根据预先定义的方式进行数据转换（transform），最后载入（load）数据仓库，并在规定的时间运行。然而，在大数据环境里这些技术难以满足新的信息数量和复杂性要求，这是因为：①ETL 处理时间因数据量大，可能不能按时完成，无法快速反馈；②ETL 的数据处理过程是建立在已知/预定义的模型之上的，而针对大数据的深度挖掘分析能力并非简单根据预先设计的模型做数据转换能够完成的，尤其是对非结构化数据。从本质上来讲，传统的方式是无法预先定义规则的数据类型，更难以计算统计非结构化大数据包含的新类型统计信息；③数据增长迅速，劣质数据数量也随之增长[14]，这也给数据集成技术带来了新的挑战。

近年来，大数据集成技术开始受到关注[15]，归纳了大数据集成的两大研究主题：①针对多源数据模式层和实例层的异质性，研究模式映射和匹配策略、实例间的实体记录连接（record linkage）等技术；②为解决不同数据源的数据冲突，发现反映真实世界的真值数据（truth finding）。关于解决冲突（真值发现）方面的研究被认为是数据融合（data fusion）[15,16]。因为越来越多的非真实信息的产生和扩散，将这些非真实数据分割出来，对于提高数据质量非常重要，这是数据融合技术反映大数据真实性（veracity）特征的第一方面[17]；针对大数据的巨量（volume）特征，给出了在线数据融合方案[18]；针对大数据的实时性（velocity），提出了动态数据融合策略[19]；针对数据多样性（variety），提出了与记录连接技术结合的数据融合技术。由于数据融合目前仍是一个新兴的研究领域[20]，许多工作集中在 web 数据源的数据融合技术研究上，而在生物医学领域中只开展了为数不多的研究工作[21,22]。但这些工作都是零散的，并且没有考虑大数据环境下的融合技术，也没有和上述最新的大数据融合技术结合。

在将临床信息和基因组数据进行整合方面，国际上最新的研究成果是 i2b2（informatics for integrating biology and the bedside）平台。该平台目前已经获得了广泛的国际支持，如 CTSA 网络、各大学健康中心、产业界等。i2b2 是美国国立卫生研究院资助的国家中心，其主要目标是实现各类健康管理系统的信息整合，并在此基础上进行生物医学计算。i2b2 开发了一个可扩展的信息学框架，基于该框架，临床研究者可以使用已有的临床数据进行科研探索，同时当与 IRB（伦理委员会）批准的基因组数据结合时，使得有遗传病的患者的靶向疗法设计更加容易。i2b2 框架使用模块化方式进行设计，每个模块就是一个独立应用（称为一个 cell），除了核心模块外，其他模块都可以有选择的安装。通过这种架构，i2b2 解决了未知类型医学数据的整合问题，当出现新的未知数据时，通过 i2b2 提供的工具，用户可以方便地组合已有模块或设计第三方模块以完成数据的转换和整合工作。

综上所述，获取组学、医疗、健康数据，按照各自质量控制标准，依照其数据特性建立数据模型及集成标准；构建医学、健康与组学数据本体，建立数据集成引擎；建立标准化的组学、医疗、健康数据分析流程与数据挖掘方法；开发各种组学数据分析模块，多组学数据分析平台，组学数据与健康档案、电子病历数据整合分析平台；通过分析模型和集成引擎，整合现有组学、医疗、健康数据分析工具资源，并基于研究需求自主优化、开发相关数据分析、知识挖掘工具，通过典型性研究制订包含工具参数和分析流程的参考工作流；在标准化流程和关键技术研究基础上，建立基于生物大数据的个体化诊疗综合服务中心的示范性研究体系，都是未来生物大数据标准化工作的重点。

4.2　生物大数据表述索引、搜索与存储访问技术

面向海量异构生物医学大数据资源的管理，重点研究方向包括：海量异构生物数据索引技术、生物大数据资源可靠可扩展管理技术、生物大数据并行访问技术、基于下一代互联网技术的生物大数据高吞吐量安全可靠传输技术、建立海量异构生物数据的生物大数据管理与共享系统、支持生物大数据资源的有效并发访问与共享。针对生物大数据的分析与挖掘需求，重点研究方向包括：面向数据搜索的生物大数据资源表示与索引、面向语义关联的生物大数据关联搜索技术、生物大数据资源的高效检索技术、建立生物大数据关联搜索系统。

4.2.1　基于生物大数据传输的下一代互联网安全研究

目前，国内外对下一代互联网的网络安全主要分成两种路线发展，即演进路线和全新解决下一代互联网可信、可控、可管问题的机制：①演进路线安全机制一部分依赖于现有互联网协议的增强，另一部分通过网络设备对网络末端节点或核心网元进行加固，互联网中部署大量防火墙、流量清洗设备、监控和审计系统。②下一代互联网可信、可控、可管问题。研究关键技术如：针对下一代互联网协议的新特点与存在的安全新问题，构建面向下一代互联网的异常检测模型，支持下一代互联网 IPv6 协议，快速采集海量数据，以日志数据为驱动，准确提取正常行为模式，降低漏报率与误报率；基于真实源地址的IPv6-Web 身份认证系统；下一代互联网络入侵检测系统研究；漏报和误报问题是下一代互联网入侵检测系统亟需解决的问题。

4.2.2　健康医疗大数据隐私问题研究

大数据时代的隐私性研究主要体现在不暴露用户敏感信息的前提下进行有效的数据挖掘，有别于传统的信息安全领域更加关注文件的私密性等安全属性。统计数据库数据研究中最早开展数据隐私性技术方面的研究，近年来逐渐成为相关领域的研究热点。有研究提出保护

隐私的数据挖掘（privacy preserving data mining）这一概念，很多学者开始致力于这方面的研究。主要集中于研究新型的数据发布技术，尝试在尽可能少损失数据信息的同时最大化地隐藏用户隐私。但是数据信息量和隐私之间是有矛盾的，因此尚未出现非常好的解决办法。Dwork 在 2006 年提出了新的差分隐私（differential privacy）方法。差分隐私保护技术可能是解决大数据中隐私保护问题的一个方向，但是这项技术离实际应用还有距离。现有隐私保护技术主要基于静态数据集，而在现实中数据模式和数据内容时刻都在发生着变化。因此在这种更加复杂的环境下实现对动态数据的利用和隐私保护将更具挑战。

4.2.3 高吞吐量传输技术

（1）高带宽网络

大数据时代，网络带宽即将迎来前所未有的严峻挑战。这些高带宽业务对网络的压力在骨干网层面尤为明显，现网中普遍采用的 10G/40G 技术已经显得力不从心，100G 网络势在必行。目前，100G 网络在欧美部分地区得到了较为广泛的部署。中国教育和科研计算机网（CERNET）211 三期建设项目，成为中国 100G 网络商用历史上的重要里程碑。2012 年 5 月 22 日阿尔卡特朗讯推出 7950XRS 核心路由器处理速率可达 400Gbit/s。2012 年 6 月，中国移动成为首个开通干线 100G 网络的国内运营商，试点测试选取了杭州到福州的国家干线，全长 1010 km，中间有 15 个站点、14 个跨段，为省际骨干传送网中最复杂的段落之一，进一步验证了 100G 路由器及 100G 光传输设备的综合承载能力。

（2）千万级别并发链接

以前研究人员在处理并发数可扩展性问题时，都尽可能地避免服务器处理超过 10 万个并发连接。通过修正操作系统内核及用事件驱动型服务器（如 Nginx 和 Node）替代线程式的服务器（如 Apache），这个问题已经解决。从 Apache 转移到可扩展的服务器上，人们用了 10 年的时间。在过去的几年中，可扩展服务器的采用率在大幅增长。但在不久的将来，服务器将需要处理数百万的并发连接。由于 IPv6 普及，连接到每一个服务器的潜在可能连接数目将达到数百万，需要重新搭建处理这个问题的架构。以便处理千万级并发连接，千兆比特每秒快速连接到互联网，预期当前服务器每秒处理 50 000 包，这将导致更高的级别。服务器能够用来处理每秒 100 000 个中断和每个包引发的中断。可扩张的服务器也许能够处理这样的增长，但是延迟将会很突出。因此下一代互联网需要研究最大延迟微秒级别的方案。

（3）软件定义网络（software defined network，SDN）

由美国斯坦福大学 clean slate 研究组提出的一种新型网络创新架构，其核心技术 OpenFlow 通过将网络设备控制面与数据面分离开来，从而实现了网络流量的灵活控制，为核心网络及应用的创新提供了良好的平台。

（4）大数据存储

大数据面临的首要问题就是海量数据的存储。大数据存储的形式包括分布式的文件系统、分布式的键值对存储及分布式数据库存储。当前的研究也集中在这 3 个方面，并依据应用的需求进行相关的优化。

在分布式文件系统研究方面，传统的分布式文件系统 NFS 应用最为广泛[23]。为了应对搜索引擎数据，Google 在 2003 年公布了其分布式文件系统技术 GFS[24]，能够用于存储网页数据。之后，开源社区据此开发的 Hadoop 分布式文件系统 HDFS 适合部署在廉价的机器上[25]。微软自行开发的 Cosmos[26] 支撑着其搜索、广告等业务。2010 年 Facebook 推出了专门针对海量小文件的文件系统 Haystack[15]，可降低磁盘寻道速度，类似的还有淘宝推出的文件系统 TFS（TFS [EB/OL]. http://code.taobao.org/p/tfs/wiki/index/）。键值对存储也是一大类重要的存储系统。2007 年 Amazon 提出的 Dynamo[27] 以 key-value 为模式，是一个真正意义上的去中心化的完全分布式存储系统，具有高可靠性、高可用性且具有良好的容错机制。由于模型的简单性，键值对存储在应用模型不是很复杂的情况下能够获得更好的性能。当然，数据库模型还是一大类非常重要的存储模型。Bigtable[28] 是 Google 开发的基于 GFS 和 Chubby 的非关系数据库，是一个稀疏的、分布式的、持久化存储的多维度排序映射表。由于其缺乏一致性的支持，2011 年 Google 将其改进为 Megastore[29] 系统。但是 Megastore 系统的性能不是很高，2012 年 Google 进一步开发了 Spanner[30] 系统，能够进一步加强一致性，将数据分布到了全球的规模，提高了一定的性能。Spanner 是第一个可以实现全球规模扩展并且支持外部一致的事务的数据库。

　　综上所述，结合生物大数据特点，研发生物大数据资源描述与获取技术；研发基于 Hadoop 的生物大数据可扩展存储与管理技术和生物大数据索引技术；研发基于生物语义理解的生物大数据资源检索技术、基于语义关联的生物医疗数据关联搜索技术及基于云环境的生物大数据并行访问技术；在突破上述关键技术基础上，进行技术集成与融合，研发基于云环境的生物大数据可扩展云存储管理系统、生物大数据搜索与获取服务系统，利用实际生物大数据对研发的系统进行应用验证与优化，是生物大数据表述索引、搜索与存储访问技术研究的工作重点。

4.3　医学大数据分析与应用研究

4.3.1　区域医疗与健康大数据分析与应用研究

　　利用区域医疗和公共卫生的健康大数据，整合各医疗信息交换平台资源；通过病历定位服务、病人主索引服务、认证授权等服务，建立区域医疗信息交换共享平台，支持各医疗机构的信息共享。通过分析与挖掘医疗健康数据，构建疾病分析预测模型，建立面向医疗健康服务的知识库，研发医疗健康应用系统和公共卫生应用系统，提供区域医疗与健康大数据服务体系。选取典型区域，实现示范应用，都将对区域医疗的发展做出积极贡献。

4.3.2　心血管疾病和肿瘤疾病大数据处理分析与应用研究

　　大数据时代的到来，让人们能够从全基因组的角度来进行疾病的病因学研究，并且将研究成果应用和转化到疾病的诊断、预测和治疗。随着高通量测序技术的发展，越来越多的跟心血管疾病或者肿瘤疾病相关的生物数据在不断地产生，包括了利用各种生物数据测量方法测得的从基因组、表观遗传组到转录组的数据，同时也出现了各种各样分析这些数据的生物信息学方法。这为研究心血管疾病和肿瘤疾病的发生机制、诊断、治疗提供了资源和保障。癌症和心血管组学数据仍处于不断上升的阶段，如何对数据进行标准化、存储、整合，挖掘其中的重要信息是目前十分重要的课题。

（1）心血管疾病的流行病学和研究现状

心血管疾病主要包括：高血压、脑卒中、心肌梗死、心力衰竭、肺源性心脏病、风湿性心脏病和先天性心脏病等。随着中国经济的发展，人民生活水平显著提高，国民生活方式发生了深刻的变化。尤其是人口老龄化及城镇化进程的加速，使得中国心血管病危险因素流行趋势明显，以心血管疾病为代表的重大慢性疾病的发病率呈逐年上升趋势[31]。心血管疾病的危险因素主要有以下几个方面：①高血压。高血压是脑卒中和冠心病发病的主要危险因素；②吸烟。吸烟和被动吸烟是心血管病的独立危险因素之一，也会加重高血压患者的血压，增加心血管疾病的发病风险；③血脂异常。此外，糖尿病、肥胖、体力活动不足、不合理膳食和代谢综合征也是心血管疾病发病的主要危险因素。衰老对心脏和动脉系统的影响很大。心血管系统在衰老的过程中发生了许多结构和功能上的改变，例如，血管壁的厚度和硬度增加、血管内皮细胞功能紊乱并丧失组织损伤后发生迁移修复的能力、血管的收缩压增高等等，这些改变致使血管稳态失衡、组织器官血液的灌注量下降、血管生长不足或退化、血管过度增生重构，并最终导致动脉硬化、高血压、心肌梗死和中风等心脑血管疾病的发生[32]。

随着高通量测序、生物信息学技术与方法的不断发展，研究者已经可以从序列、结构、同源性、表达谱以及网络等多个层面对心血管疾病进行更加准确的鉴定和研究，并从多个角度去探索 DNA、RNA 和蛋白质与心血管疾病之间的相互关系，并且利用获得的多组学大数据进一步构建出心血管疾病中这些分子间的交互调控网络。

（2）肿瘤的流行病学和研究现状

癌症也称为恶性肿瘤，是由细胞生长增殖失常引起的、可发生在身体任何部位的一组复杂疾病的通称[33]。它已成为当今人类的最大杀手。在我国，癌症发病率也呈惊人的上升趋势，同时也是我国人口最主要的死因。

癌症的发生发展极其复杂，由一连串来源于基因组、转录组和表观基因组的变异所引起[34]。从分子水平上研究癌症的发生发展机制，对于癌症的病因学研究、早期诊断、治疗和预后都有很重要的指导意义。传统的实验方法适用于几个、至多十几个基因在癌症与正常组织中的差异比较。它虽然找出了一些重要的癌症易感基因，比如乳腺癌易感基因 BRCA1 和 BRCA2[35]；结肠癌的易感基因 KRAS[36]。然而，这些单个或者几个基因的突变仍然无法解释癌症这种复杂疾病的病因。传统方法的局限性在于，它对基因组的覆盖率极低，无法系统地挖掘出癌组织中的变异信息。

高通量测序技术的发展，为在整个基因组水平上进行数据采集提供了工具。全基因组序列、转录组表达量数据、表观遗传组上的甲基化水平数据等等各种数据大量产生。2008 年，由美国国家癌症研究所(NCI)和美国国家人类基因组研究所（NHGRI）共同发起了一项癌症基因组图谱项目（The Cancer Genome Altas, TCGA）。该项目收集了多种肿瘤类型的多个组织样本，致力于将人类全部癌症的基因组变异图谱绘制出来，数据包括了染色体片段拷贝数变异、mRNA 和 miRNA 表达谱、基因序列突变、DNA 甲基化、单核苷多态性和癌症样本临床数据信息等等。它极大促进了癌症组学数据的整合、癌症亚型分类、分子靶标鉴定和分子机制网路的研究。另一个癌症组学研究项目由国际癌症基因组协会（International Cancer Genome Consortium，ICGC）发起。该项目集合了来自 17 个国家和地区的 71 个研究队伍的数据资源，致力于汇集 50 余种癌症及其亚型的全基因组数据。我国科学家在其中参与承担了乳腺癌、甲状腺癌、前列腺癌、脑癌、肾癌、结肠癌等多种癌症的基因组学项目。此外，还有一些数据发布在 NCBI 的 GEO 数据库和 EBI 数据库等生物信息学综合数据库门户网站。借由这些数据，我们有可能全面地识别出癌组织中所发生的变异，进而揭示出癌症产生的分子机制。但是，如何分析这些大数据，从中识别出有用的信息，也给我们提出了很大的挑战。

（3）心血管疾病和肿瘤的高通量数据类型

1975 年，Sanger 发明了双脱氧链终止法进行 DNA 序列测定[31]。从此，测序技术就成为生命科学研究中不可或缺的一个重要手段，极大地推动了各学科领域的发展。基于双脱氧链终止法的第一代测序技术帮助人们完成了大量工作，如媲美曼哈顿计划和阿波罗登月计划的人类基因组图谱测。随着人类对生命科学探索的要求越来越高，发展速度更快、成本更低、通量更高的测序技术飞速发展，由此产生了各种高通量数据。目前已有的生物大数据可分为以下几种类型：核苷酸测序数据（DNA Sequencing 数据），单核苷酸多态性（SNP），拷贝数变异（CNV），甲基化数据（DNA methylation），免疫共沉淀（ChIP-seq），基因表达数据（mRNA expression），小核苷酸片段表达数据（miRNA expression），发病组织切片的病理学图片（tissue pathological imaging），对最常用四种数据类型的具体介绍如下。

1）DNA Sequencing 数据

应用 DNA-seq 可以对人类的基因组序列进行测序，发现与心血管疾病相关的遗传变异、SNV 和 SNP 位点，获得外显子和内含子序列信息，以及相应的启动子序列、增强子位点和顺式/反式调控元件序列信息。例如，在 TCGA 项目已发布的研究成果中，通过分析 DNA 测序技术得到的高通量数据，一系列与某一种癌症，如脑癌、卵巢癌、乳腺癌、急性淋巴癌、肺鳞状细胞癌[34, 37-40]等相关的单个基因、拷贝数变异、突变位点和已知生物通路被发现和报道。其中，有些可以作为新的癌症分子标记和候选靶点。DNA 测序数据对心血管疾病的研究中也起着很重要的作用。例如，右心室发育不良（arrhythmogenic right ventricular dysplasia）是由于细胞桥粒基因变异引起的心脏疾病，通过全基因测序和外显子测序，发现了导致该疾病的更加精确的基因组突变位点，并且区分临床表现与右心室发育不良疾病相似的其他心脏疾病[41, 42]。

2）ChIP-seq 数据

染色体免疫共沉淀技术与高通量测序技术相结合，可以获得全基因组中与心血管疾病相关的组蛋白表观遗传修饰（例如，组蛋白的乙酰化和甲基化）、转录因子结合位点和增强子序列变化信息。ChIP-seq 技术对于发现癌症和心血管疾病的相关基因和突变位点都十分重要。例如，Blow 等利用 ChIP-seq 技术鉴别出了在心脏发育过程中保守的增强子位点[43]。此外，ChIP-seq 还可以用于转录因子结合位点变异导致的心血管疾病研究，例如，Elliott 等研究发现，转录因子 NKX2-5 突变与左心发育不全综合征、房间隔缺损和卵圆孔未闭等心血管疾病密切相关[44]。

3）Methylation Sequencing 数据

DNA 甲基化修饰是影响基因表达的重要表观遗传修饰，通过甲基化测序可以研究心血管疾病的 DNA 甲基化状态。5-甲基胞嘧啶是人类基因组中最常见的甲基化修饰，经常发生在基因组的 CpGs 岛（CpG islands）区域。CpGs 岛的 DNA 甲基化修饰可以显著降低启动子的转录活性，导致心血管疾病的发生。DNA 样本经亚硫酸氢盐（bisulfite）处理后，可以将胞嘧啶核苷酸转变为尿嘧啶核苷酸，而被甲基化修饰的胞嘧啶核苷酸不会受到亚硫酸氢盐的影响，发生甲基化的 DNA 片段可以被胞嘧啶甲基化抗体富集，通过高通量测序技术可以获得全基因组的甲基化测序数据。Movassagh 等利用该技术对晚期心肌病进行的研究发现，该疾病的全基因组甲基化模式与对照组非常相似，但是每一个基因的甲基化模式却各不相同。研究基因启动子区域的高甲基化或低甲基化水平，有助于发现在心血管疾病各阶段中发挥关键作用的基因[45]。卵巢癌、子宫内膜癌和乳腺癌都是对女性危害十分严重的癌症。通过甲基化测序技术，与这三种癌症有关的一些重要甲基化位点被发现。DNA 甲基化表达谱模式的研究，也提示这三者有一定的共同遗传背景[46]。

4）RNA-seq 数据

转录组（transcriptomics）是一个活细胞内的所有 RNA 分子，它包括 mRNA, rRNA, tRNA 和非编码 RNA 等。与基因组不同，即使是对同一个细胞，其转录组也会随着时间和空间的变化而变化（除去基因组突变情况的发生）。由于转录组包含了细胞内全部的 mRNA，这种变化主要表现在所有基因在 mRNA 水平是否被表达（是否被转录成 mRNA 分子）以及表达量变化的多少等。转录组学，简单地来说，就是研究生物转录组的一门学科，其核心内容是从 RNA 水平研究基因的表达情况及转录调控的规律。对细胞转录组（基因表达谱）的研究，对于我们研究基因在什么条件下表达、揭示已知重要基因的作用机制、推断未知基因的功能、分类细胞表型以及疾病的分子诊断等都有极其重要的作用。

在 RNA-seq 技术发明之前，研究基因表达谱的技术主要是基因芯片技术。与基因芯片技术相比，高通量测序技术可采集的转录组数据更为全面、准确，适用范围更加广泛。利用高通量测序技术既可以研究基因表达量的变化，又可以研究基因的各种转录拼接形式和转录突变体。TCGA 项目对 50 多种癌症进行了转录组测序，发现了许多与癌症发生有关的基因。其近期的一项研究还发现基底型乳腺癌和卵巢癌遗传背景有着惊人的相似[38]，而与其他类型乳腺癌具有很大差异。但研究主要从 RNA 表达数据中发现了这一规律，并没有实际整合其他组学数据从更为系统的层面进行更深层次的研究。还有一些研究表明，运用多个基因的基因表达值变化，可以有效地对癌症的亚型和预后进行分类和预测，比如白血病[47]和乳腺癌[48]。应用 RNA-seq 技术可以研究心血管疾病相关的转录组随时间的变化情况。例如，Lee 等运用该技术研究了小鼠心衰疾病进展过程中的转录组变化[49]；Hu 等研究了小鼠高血压性心肌肥厚组织的 mRNA 和 miRNA 表达谱变化，通过差异表达分析发现，心肌肥厚组织中 miRNA 小幅度的表达变化会引起 mRNA 较大幅度的表达谱改变[50]。

特别地，对于心血管疾病，脂类组学高通量数据在其发病机制的研究也有着很重要的作用。血液中的脂类（三酰甘油、胆固醇、高密度脂蛋白和低密度脂蛋白等）组分和含量对心血管疾病的发生和发展也起着十分重要的作用。应用质谱和核磁共振技术可以检测血浆中的多种脂类含量。例如，Meikle 等对 220 例个体血浆中的 305 种脂类成分进行了系统的分析，发现许多脂类成分与心血管疾病的状态密切相关[51]。脂类组学的相关研究方法可以参考[52]。

（4）心血管疾病相关数据库

1）CAD gene (Coronary Artery Disease Gene Database)。网址链接：http://www.bioguo.org/CADgene/，目前的版本为 2.0。该数据库利用已发表的文献，收集了冠心病发病相关的易感基因和染色体变异位点信息。在原有信息的基础上，CAD gene 数据库 2.0 版本主要有以下三方面的更新：① 对目前收集到的冠心病候选基因和基因网络进行图形化展示；② 增加了基因网络和网路模块检测、分析工具；③ SNP 别名搜索功能，以及对每一个基因上的冠心病相关 SNP 位点分布进行图形化展示。此外，新版本还增加了近期发表的 12 个冠心病相关 GWAS 数据。目前，CAD gene 数据库包含 600 个以上冠心病相关基因，和来自 5000 篇发表文献的冠心病相关基因的详细信息。使用者可以通过不用的功能类别和方式对数据库进行搜索，例如：血管内皮完整性、免疫和炎症、脂类代谢等等。还可以通过选择染色体编号对该染色体上所有的 SNP 位点以及所有的基因进行检索。基因检索结果与 GO、KEGG、HPRD 数据库链接[53]。

2）KEGG DISEASE 数据库。网址链接：http://www.genome.jp/kegg/disease/。KEGG DISEASE 数据库包含了心血管疾病等人类相关疾病。在该数据库中，疾病作为分子系统的一种干扰状态，药物作为分子系统的干扰因素。KEGG DISEASE 数据库汇总了环境因素和遗传因素对疾病影响的基因、细胞信号传导通路和分子网络信息，有利于研究者整合不同层次的数据（特别是高通量数据）对疾病进行研究。

3）CVDHD 数据库。心血管疾病中草药数据库，网址链接：http://pkuxxj.pku.edu.cn/CVDHD。CVDHD 数据库收集了治疗心血管疾病的中草药，可用于中草药天然活性成分的计算机模拟筛选和药物发现。CVDHD 数据库包含 35 230 种不同的分子，以及对这些分子的标识信息（化学名称、CAS 登记号、分子式、分子量、国际化合物标识和简化分子线性输入规范），计算分子性质（水分配系数 AlogP、氢键受体和供体等），所有药物分子与 2395 个靶蛋白结合位点信息，心血管疾病信息，信号通路和临床生物标记物数据。

4）中国心血管疾病数据库（Chinese Cardiovascular Disease Database，CCDD or CCD database）。含有 12 个主流的心电图数据，及其特征描述说明。CCD 数据库改善了原始心电图数据的技术参数，并且提供了图形化展示界面[54]。

5）dbNP 数据库。营养表型数据库，包含饮食、运动和吸烟等与心血管疾病和糖尿病关系的相关数据。数据库链接：http://www.dbnp.org，共包括 550 个相互作用，利用该数据库可以研究人类基因组中对饮食、运动、饮酒等环境因素敏感的基因位点，以及这些位点与心血管疾病的关系。

（5）肿瘤相关的数据库

1）GEO 数据库（Gene Expression Omnibus）

GEO 数据库是由 NCBI 为了支持基因表达数据的公共使用和资源

共享而建立的。来自多种数据平台，如 DNA 微阵列，杂交膜，SAGE 和 RNAseq 的基因表达数据都可以被上传、存储和下载。该数据库同时提供初步分析这些表达数据的在线分析工具。包括多种癌症和心血管疾病的复杂疾病都可以通过关键词（如疾病的名称和所使用的数据平台）在 GEO 的在线检索平台查询和下载。网址链接：http://www.ncbi.nlm.nih.gov/geo/[55]。

2）ArrayExpress 数据库

ArrayExpress [56]是由 EBI 提供的基因表达数据公共数据库，保存来自微阵列平台的数据和 RNAseq 数据。ArrayExpress 使用 MIAME（有关微阵列实验的最小化信息）注释标准，以结构化的方式来存储良好注释的数据。该数据库同时也包含了癌症和心血管疾病的表达数据，提供有关数据的检索和下载服务。数据库可以从 http://www.ebi.ac.uk/arrayexpress 进行访问。

3）TCGA 数据库

癌症基因组图谱计划（TCGA）作为目前最大的癌症基因信息的数据库，产生并储存着大量的组学数据。它包括了多层次的组学数据，从基因组，转录组，表观遗传和临床数据。数据可以从 TCGA 的门户网站上通过匹配检索条件来下载相应的数据，也可以通过 cBioPortal [57] 这样的相关网站下载。cBioPortal 同时还提供针对 TCGA 数据的在线可视化和分析服务。值得注意的是，TCGA 数据目前对公众开放的数据都是经过处理的，而非原始的序列数据。用户必须提交数据访问请求（Data Access Request）才能获得原始的序列数据。TCGA 数据库的链接地址为 http:// cancergenome.nih.gov/。IntOgen[28]作为 TCGA 的相关网站，将体细胞突变、拷贝数变异和基因表达数据整合成三种查询和下载模块。

4）COSMIC

COSMIC [59]是专门存储和查询体细胞突变的数据库。最新版本的数据库包含了 132 种已知的癌症相关基因和 208 对融合基因对。这些突变信息是从将近 8000 个癌症样本的基因组测序数据中获得。COSMICMart [60]将 COSMIC 存储的数据进行分类，提供了更方便的使用界面。

5）Oncomine

Oncomine [61]数据库提供了药物靶位点查询和验证，有助于癌症药物开发和临床实验方面的研究。

6）Oncotator

Oncotator 数据库(http://www.broadinstitute.org/oncotator/)提供了癌症相关基因，突变位点，基因扩增和缺失等信息。

7）Tumorscape 数据库

Tumorscape [62]数据库可查询多种癌症的拷贝数变异，并提供基于 GISTIC[63]可视化的查询结果。

（6）心血管和肿瘤大数据的生物信息学分析方法

心血管疾病及肿瘤疾病等可以通过检测多种不同的分子标记来进行诊断，由于心血管疾病及肿瘤疾病在不同病人上表现的多样性，对跟预后相关的亚型进行聚类比个人诊断治疗更加重要[64]。现在有很多进行亚型检测及分类的方法，主要分为有监督学习和无监督学习两类[65]。

1）有监督学习

当要对临床特征确定的亚型进行诊断时，一般使用有监督学习的方法，主要包括以下方法。人类基因组上的遗传变异为研究心血管疾病及肿瘤疾病的研究提供了丰富的资源。通过对人类基因组上的遗传变异的研究可以发现跟特定疾病相关的变异。现阶段，全基因组关联分析（GWAS）发现了很多跟各种疾病（包括心血管疾病和肿瘤疾病）相关的变异因子，这些变异因子可以通过 NHGRI GWAS catalog[66]来查询。在 GWAS 中用得最多的方法是卡方检验和 Fisher 精确检验，这两个检验只适合两个分类的检验，若分类大于两个时使用 Cochran-Armitage 趋势检验，这些方法被集成到了 PLINK[67]软件中使其用于 GWAS 分析。在检测 SNP 时会有些 SNP 不能被精确的检验出来，这时首先使用 SNPTEST[68]来挑出被精确检测的 SNP。在 GWAS 数据中通常含有约 100 万个 SNP 位点，大量的检验会出现大量的假阳性，所以需要进行多重检验校正，通常使用 Bonferroni 方法或者 Holm-Bonferroni 方法进行校正。

对于转录组数据，通常是通过找差异表达基因来确定跟疾病相关的基因。可以使用 t 检验来对特定的疾病差异表达的基因，但是在一些肿瘤病人中，不稳定的基因组会使得一部分病人的一部分基因异常表达，而另外一部分病人正常表达，这时候 t 检验就不能很好的检验出这部分基因。所以人们开发了一些方法来找这部分基因，如应用到前列腺癌上的 COPA[69, 70]、OS[71]，ORT[72]，MOST[73]，以及 GTI[74]。当数据相对是均匀时，t 检验也不能很好地找到差异表达的基因，对于这种情况，可以用 limma[75]、edgeR[76]，DESeq[77]和 Cuffdiff[78]等软件来找差异表达基因。如果不确定数据的同质性，也可以使用机器学习的方法来找差异表达基因，如使用 SVM-RFE[79]的方法来找急性白血病的分子标记物。当数据有不同来源时，如数据来自不同的批次或者要比较不同类型的数据，需要对数据进行预处理并从含大量噪音的数据中提取出信号。对数据预处理一般需要三步：①对数据进行平滑处理，如 z-score 和 quantile 标准化。②对已知的混杂因子（不同的批次）进行处理，如可以利用基于广义线性回归的 DESeq 或者基于经验贝叶斯的 Combat[80]。③删除掉一些未知的混杂因子，如 SVA[81]和 ISVA[82]等方法。

2）无监督学习

聚类算法是无监督学习算法，在生物大数据的分析中经常被用于将特征或者样本分成多个类别。从 1998 年层次聚类算法被用来分析 microarray 的基因表达数据[83]后，各种聚类算法（k-means，Self-Organizing Maps）不断地被用于基因表达数据[47, 84]中。虽然这些聚类算法是比较主流的聚类算法，不过，要整合不同类型的数据进行聚类时就不再适用了。对于整合数据，可以利用基础的聚类算法对不同数据类型的相关系数矩阵进行聚类[85, 86]。同时，还有一些比较复杂的用于整合不同类型的数据的聚类的方法，如 iCluster[86]、iClusterPlus[87]、PSDF[88]、MDI[89]、JIVE[80]、SNF[91]、Super k-means[92]等。

以上提到的方法找到了基因组、转录组等上的特征与疾病的相关性，这里面会包含有假阳性，假阴性以及一些不重要的特征。我们知道，跟某个特定疾病相关的基因一般不是单独起作用，而是通过某个有特定生物功能的网络模块起作用[93, 94]，下面介绍一些利用网络模块来发现分子机制的方法。

网络模块内部的节点之间连接相对非常紧密，而各个模块之间的连接比较稀疏，或者说网络模块内部的节点连接比随机情况更紧密。通常用基因表达谱的相似性来定义在特定条件下的动态网络模块，通过已知疾病相关的基因对应的网络模块，可以对模块内的其他基因的疾病相关性进行研究。现阶段有很多工具可以做网络模块分析，如 Cytoscape[95]及其插件[96]。Cytoscape 是个集成了生物网络的统计模型、功能注释、可视化等功能的计算平台[97]，且 Cytoscape 的插件可以从 http://apps.cytoscape.org 获取。

在得到了各种网络模块之后，通常会对每个模块中的基因进行功能注释，通常使用 Gene Ontology (GO)[98] 和 KEGG 通路[99]进行注释。网络模块是否富集到某个 Gene Ontology 或者 KEGG 通路一般用 Fisher 精确检验。Cytoscape 中含有做 GO 富集分析的 AmiGO[100]和 BiNGO[101]，DAVID[102]既可做 GO 富集分析又可以做 KEGG 通路富集分析。然后也可以利用 GSEA[103]和 PAGE[104]来分析特定的通路、模块等是否有显著的变化。

综上所述，通过设计特定疾病实验，要么通过 GWAS 方法找到相关的 SNP 位点，或者通过众多的找差异表达基因的方法找到差异表达基因，或者通过聚类方法找到特定跟疾病相关的网络模块，然后对找出来的基因进行功能注释分析，都能为研究疾病提供很好的帮助。

4.4　大数据应用的思考与展望

与成熟的计算机技术相比，遗传学测序技术仍旧面临着许多技术挑战，还有许多亟待解决和提高的地方。例如：测序的精确性是目前制约其进入临床应用的瓶颈；需要更为方便易用的、自动化的数据分析方法去识别和纠正测序过程中发生的错误等等。由于血液循环系统中含有游离的核酸，所以cell-free DNA和RNA测序在疾病诊断、预防和监测领域将具有十分广泛的应用前景，该技术产生的数据将可以实时监测多种疾病的进展情况和人们的身体健康状况。在癌症研究方面，单细胞测序技术的发展和测序精度的不断提高，对于癌症异质性问题的研究至关重要。此外，随着微量液体操控技术的进步，人们将可以不需要预扩增而对极其微量的生物样本直接测序，例如，Oxford

Nanopore公司正在研发的微量测序技术。随着高通量测序技术的发展，人们将可以对多种疾病发生和进展过程中的多种组学变化进行更加全面和准确的分析，发现更多更敏感的疾病相关生物标志物，尽早预测疾病的发生风险，提高诸如心血管疾病和肿瘤的诊断和治疗水平。

芯片、测序等生物科技技术提供了基因组、表观遗传组到转录组的数据，而同时计算机技术与成像技术提供了海量的跟图像相关的表型数据。利用图像处理技术可以对细胞、组织、器官等的表型特征进行量化，从而找到和特定表型相关的生物变化过程。如何自动的检测、量化与所关心生物问题相关的表型特征变化为大数据在生物学的应用方面提供了机遇与挑战。例如[105]从 3D 人脸中找到了和年龄相关的表型，如嘴宽度、鼻子宽度及眼角倾斜度等。

医学影像和可穿戴设备的监测数据是一类与表型相关的高通量数据。医学影像以非侵入方式取得人体或人体某部分的内部组织影像。具有数据量大、数据类型复杂等特点。数据信息的多源性带来了医学影像信息的时序性和非时序性共存、数字型数据和非数字型数据共存的特点。医学影像信息的多模式特性是其区分于其他领域数据的最显著特性，也加大了医学影像数据的分析和处理的难度。

可穿戴设备可以实时监测人体的各项生理指标。由于穿戴方便可以在大群体中广泛应用，从而获得与人们运动、睡眠、情绪变化相关的各项生理数据。适合用于构建个人电子健康档案，数据具有持续性、大量增长的特点。在收集日常健康数据构建健康档案时，如何保证数据的准确性、有效性是建立健康档案时必须考虑的问题，并且也是一个很大的挑战。以测量血压为例，不同的姿势会导致血压的波动。因此在日常健康数据采集过程中，应加强数据采集的标准化管理，加入数据过滤功能来矫正这些数据。生物医学领域的大数据时代正在来临，这将促使我们尽快构建一个实时、便捷、全方位的生物医药领域研究与应用系统。

复杂疾病大数据的积累不但给我们带来机遇，也带来了诸多挑战：针对心血管疾病和肿瘤等重大疾病，重点突破面向重大疾病的组学、医疗、健康大数据集成挖掘与分析算法、多层次组学数据关联分析技术与算法，支撑面向重大疾病机制研究的生物大数据挖掘与利用。

利用心血管疾病和肿瘤疾病医疗大数据，研发医疗大数据资源整合技术；基于医疗大数据知识库与云计算技术，构建心血管疾病和肿瘤疾病医疗大数据平台；基于多层次生物医疗数据分析技术和面向重大疾病的生物医疗数据挖掘技术，构建基于大数据的心血管和肿瘤疾病预测与诊疗模型，研发心血管和肿瘤疾病诊疗信息服务于决策支持系统，改善我国心血管疾病和肿瘤疾病预防及临床诊疗技术，提升重大疾病的综合防治与服务水平等，都是心血管疾病与肿瘤疾病大数据处理分析与应用研究的范畴。

参 考 文 献

[1]　Breese M R, Liu Y L. Ngsutils: A software suite for analyzing and manipulating next-generation sequencing datasets[J]. Bioinformatics, 2013, 29(4): 494-496

[2]　Cox M P, Peterson D A, Biggs P J. Solexaqa: At-a-glance quality assessment of illumina second-generation sequencing data[J]. Bmc Bioinformatics, 2010, 11: 6

[3]　Kelley D R, Schatz M C, Salzberg S L. Quake: Quality-aware detection and correction of sequencing errors[J]. Genome Biology, 2010, 11(11): 13

[4]　Hansen K D, Brenner S E, Dudoit S. Biases in illuminatranscriptome sequencing caused by random hexamer priming[J]. Nucleic Acids Research, 2010, 38(12): 7

[5]　McKenna A, Hanna M, Banks E, et al. The genome analysis toolkit: A mapreduce framework for analyzing next-generation dna sequencing data[J]. Genome Research, 2010, 20(9): 1297-1303

[6]　Kessner D, Chambers M, Burke R, et al. Proteowizard: Open source software for rapid proteomics tools development[J]. Bioinformatics, 2008, 24(21): 2534-2536

[7]　Ishihama Y, Oda Y, Tabarta T, et al. Exponentially Modified protein abundance index (empai) for estimation of absolute protein amount in proteomics by the number of sequenced peptides per protein[J]. Molecular & Cellular Proteomics, 2005,4(9): 1265-1272

[8]　Braisted J C, Kuntumalla S, Vogel C, et al. The apex quantitative proteomics tool: Generating protein quantitation estimates from Lc-Ms/Ms proteomics results[J]. Bmc Bioinformatics, 2008, 9: 11

[9]　Griffin N M, Yu J Y, Long F, et al. Label-free, normalized quantification of complex mass spectrometry data for proteomic analysis[J]. Nature Biotechnology, 2010, 28(1): 83-U116

[10]　Schwanhausser B, Busse D, Li N, et al. Corrigendum: Global quantification of mammalian gene expression control[J]. Nature, 2011 473(7347): 337-342

[11]　Arike L, Valgepea K, Peil L, et al. Comparison and applications of label-free absolute proteome quantification methods on Escherichia coli[J]. Journal of Proteomics, 2012, 75(17): 5437-5448

[12]　Haas L. Beauty and the beast: The theory and practice of information integration[J].

Database Theory - ICDT 2007, Proceedings, 2006, 4353: 28-43

[13] Lenzerini M. Data integration: a theoretical perspective[J]. the twenty-first ACM SIGMOD SIGACT SIGART symposium on Principles of database systems, Proceedings, 2002: 233-246

[14] 李建中, 刘显敏. 大数据的一个重要方面: 数据可用性[J]. 计算机研究与发展, 2013, 50(6): 1147-1162

[15] Beaver D, Kumar S, Harry C, et al. Finding a needle in Haystack: Facebook's photo storage[J]. Facebook Inc. 2010

[16] Bleiholder J, Naumann F. Data fusion[J]. Acm Computing Surveys, 2008, 41(1): 41

[17] Salloum M, Dong X, Srivastava D, et al. Online ordering of overlapping data sources[J]. VLDB Endowment, Proceedings, 2013, 7(3): 133-144

[18] Dong X L, Berti-Equille L, Srivastava D. Integrating Conflicting Data: The Role of Source Dependence[J]. In Int. Conf. on Very Large Data Bases(VLDB), 2009: 550-561

[19] Guo S, Dong X, Srivastava D et al. Record linkage with uniqueness constraints and erroneous values[J]. In Int. Conf. on Very Large Data Bases(VLDB), 2010: 417-428

[20] Dong X L, Srivastava D. Big data integration[J]. In Int. Conf. on Data Engineering(ICDE), 2013

[21] Lu Z Y. A Survey of Xml applications on science and technology[J]. International Journal of Software Engineering and Knowledge Engineering, 2005, 15(1): 1-33

[22] Synnergren J, Olsson B, Gamalielsson J. Classification of information fusion methods in systems biology[J]. In Silico Biology, 2009, 9(3): 65-76

[23] Sandberg R. The sun network file system: design, implementaltion and experience[R]. California: Sun Microsystems, Inc: 1986

[24] Ghemawat S, Gobioff H, Leung S T. The Google file system[J]. ACM SIGOPS Operating Systems Review, 2003, 37(5): 29-43

[25] Borthakur D. The hadoop distributed file system: architecture and design[J]. IBM Almaden Research, 2008

[26] Chaiken R, Jenkins B, Larson P A, et al. Scope: easy and efficient parallel processing of massive data sets[J]. Proc VLDB Endow, 2008, 1(2): 1265-1276

[27] DeCandia G, Hastorun D, Jampani M, et al. Dynamo: Amazon's Highly Available Key-value Store[J]. Amazon Inc., 2007

[28] Chang F, Dean J, Ghemawat S, et al. Bigtable: A distributed storage system for structured data. Google Inc., 2008

[29] Baker J, Bond C, James C, et al. Megastore: Providing Scalable, Highly Available Storage for Interactive Services. Google Inc., 2011

[30] Corbett J C, Dean J, Epstein M, et al. Spanner: Google's globally-distributed database. Google Inc., 2013

[31] 陈伟伟, 高润霖, 刘力生, 等. 中国心血管病报告 2013 概要[J]. 中国循环杂志, 2014, 29: 487-491

[32] Lakatta E G, Levy D. Arterial and cardiac aging: major shareholders in cardiovascular disease enterprises: Part: aging arteries: a "set up" for vascular disease. Circulation, 2003, 107(1): 139-146

[33] Murray B. Arrhythmogenic right ventricular dysplasia/cardiomyopathy (ARVD/C): a review of molecular and clinical literature[J]. J Genet Couns, 2012,21: 494-504

[34]　Strehle E M, Gruszfeld D, Schenk D, et al. The spectrum of 4q- syndrome illustrated by a case series[J]. Gene, 2012, 506: 387-391

[35]　Blow M J, McCulley D J, Li Z, et al. ChIP-Seq identification of weakly conserved heart enhancers[J]. Nat Genet, 2010, 42: 806-810

[36]　Elliott D A, Kirk E P, Yeoh T et al. Cardiac homeobox gene NKX2-5 mutations and congenital heart disease: associations with atrial septal defect and hypoplastic left heart syndrome[J]. J Am Coll Cardio, 2003, 1 41: 2072-2076

[37]　Movassagh M, Choy M K, Knowles D A, et al. Distinct epigenomic features in end-stage failing human hearts[J]. Circulation, 2011, 124: 2411-2422

[38]　Lee J H, Gao C, Peng G, et al. Analysis of transcriptome complexity through RNA sequencing in normal and failing murine hearts[J]. Circ Res, 2011,109: 1332-1341

[39]　Hu Y, Matkovich S J, Hecker P A, et al. Epitranscriptional orchestration of genetic reprogramming is an emergent property of stress-regulated cardiac microRNAs[J]. Proc Natl Acad Sci U S A, 2012, 109: 19864-19869

[40]　Meikle P J,Wong G, Tsorotes D, et al. Plasma lipidomic analysis of stable and unstable coronary artery disease[J]. Arterioscler Thromb Vasc Biol, 2011, 31: 2723-2732

[41]　Meikle P J, Wong G, Barlow C K, et al. Lipidomics: potential role in risk prediction and therapeutic monitoring for diabetes and cardiovascular disease[J]. Pharmacol Ther, 2014, 143: 12-23

[42]　Liu H, Liu W, Liao Y F, et al. CADgene: a comprehensive database for coronary artery disease genes[J]. Nucleic Acids Res, 2010, 39: D991-6

[43]　Zhang J W, Wang L P, Liu X, et al. Chinese Cardiovascular Disease Database (CCDD) and Its Management Tool[J]. BioInformatics and BioEngineering (BIBE), 2010 IEEE International Conference on

[44]　Alberts B.Molecular biology of the Cell[J], 2002, Garland Science. W.H.Freeman & Co Ltd. 2007: New York

[45]　Chin L, Meyerson M, Aldape K, et al. Comprehensive genomic characterization defines human glioblastoma genes and core pathways[J]. Nature, 2008, 455(7216): 1061-1068

[46]　Campeau P M, Foulkes W D, Tischkowitz M D. Hereditary breast cancer: new genetic developments, new therapeutic avenues[J]. Hum Genet, 2008, 124(1): 31-42

[47]　Lievre A, Bachet J, Boige V, et al. KRAS mutation status is predictive of response to cetuximab therapy in colorectal cancer[J]. Cancer Res, 2006, 66(8): 3992-3995

[48]　Bell D, Berchuck A, Birrer M, et al. Integrated genomic analyses of ovarian carcinoma[J]. Nature, 2011, 474(7353): 609-615

[49]　Koboldt D C, Fulton R S, McLellan M D, et al. Comprehensive molecular portraits of human breast tumours[J]. Nature, 2012, 490(7418): 61-70

[50]　Ley T J, Miller C, Ding L, et al.Genomic and epigenomic landscapes of adult de novo acute myeloid leukemia[J]. N Engl J Med, 2013, 368(22): 2059-2074

[51]　Hammerman P S, Lawrence M S, Voet D, et al. Comprehensive genomic characterization of squamous cell lung cancers[J]. Nature, 2012, 489(7417): 519-25.

[52]　Getz G, Gabriel S B, Cibulskis K, et al. Integrated genomic characterization of endometrial carcinoma[J]. Nature, 2013, 497(7447): 67-73

[53]　Golub T R, Slonim D K, Tamayo P, et al. Molecular classification of cancer: class discovery and class prediction by gene expression monitoring. Science, 1999, 286(5439):

531-537

[54] van't Veer L J, Dai HY, van de Vijver M J, et al. Gene expression profiling predicts clinical outcome of breast cancer[J]. Nature, 2002, 415(6871): 530-536

[55] Barrett T, Troup D B, Wilhite S E, et al. NCBI GEO: mining tens of millions of expression profiles: database and tools update[J]. Nucleic acids research, 2007, 35(suppl 1): D760-D765

[56] Brazma A, Parkinson H, Sarkans U, et al. ArrayExpress: a public repository for microarray gene expression data at the EBI[J]. Nucleic acids research, 2003, 31(1): 68-71

[57] Gao J J, Aksoy B A, Dogrusoz U, et al. Integrative analysis of complex cancer genomics and clinical profiles using the cBioPortal[J]. Sci Signal, 2013, 6(269): p11

[58] Gonzalez-Perez A, Perez-Llamas C, Deu-Pons J, et al. IntOGen-mutations identifies cancer drivers across tumor types[J]. Nature methods, 2013

[59] Forbes S A, Bhamra G, Bamford S, et al. The Catalogue of Somatic Mutations in Cancer (COSMIC) [J]. Curr Protoc Hum Genet, 2008. Chapter 10: p. Unit 10 11

[60] Shepherd R, Forbes S A , Beare D, et al. Data mining using the Catalogue of Somatic Mutations in Cancer BioMart[J]. Database (Oxford), 2011. 2011: p. bar018

[61] Rhodes D R, Yu J J, Shanker K, et al. ONCOMINE: a cancer microarray database and integrated data-mining platform[J]. Neoplasia (New York, NY), 2004, 6(1): 1.

[62] Beroukhim R, Mermel C H, Porter D, et al. The landscape of somatic copy-number alteration across human cancers[J]. Nature, 2010. 463(7283): p. 899-905.

[63] Mermel C H, Schumacher S E, Hill B, et al. GISTIC2.0 facilitates sensitive and confident localization of the targets of focal somatic copy-number alteration in human cancers[J]. Genome Biol, 2011, 12(4): R41

[64] Melo F D E, Vermeulen L, Fessler E, et al. Cancer heterogeneity—a multifaceted view[J]. EMBO Rep, 2013, 14(8): 686-695

[65] Hong S, Huang, Y, Cao Y Q, et al. Approaches to uncovering cancer diagnostic and prognostic molecular signatures[J]. Molecular & Cellular Oncology, 2014, 1(2): e957981

[66] Welter D, MacArthur J, Morales J, et al. The NHGRI GWAS Catalog, a curated resource of SNP-trait associations[J]. Nucleic Acids Res, 2014, 42 (Database issue): D1001-1006

[67] Purcell S, Neale B, Todd-Brown K, et al. PLINK: a tool set for whole-genome association and population-based linkage analyses[J]. Am J Hum Genet, 2007, 81(3): 559-575

[68] Marchini J, Howie B, Myers S, et al. A new multipoint method for genome-wide association studies by imputation of genotypes[J]. Nat Genet, 2007, 39(7): 906-913

[69] MacDonald J W, Ghosh D. COPA: cancer outlier profile analysis[J]. Bioinformatics, 2006, 22(23): 2950-1

[70] Tomlins S A, Rhodes D R, Perner S, et al. Recurrent fusion of TMPRSS2 and ETS transcription factor genes in prostate cancer[J]. Science, 2005, 310(5748): 644-648

[71] Tibshirani R, Hastie T. Outlier sums for differential gene expression analysis[J]. Biostatistics, 2007, 8(1): 2-8.

[72] Wu B L. Cancer outlier differential gene expression detection[J]. Biostatistics, 2007, 8(3): 566-75.

[73]　Lian H. MOST: detecting cancer differential gene expression[J]. Biostatistics, 2008, 9(3): 411-8.

[74]　Nguyen-Dumont T, Jordheim L P , Michelon J, et al. Detecting differential allelic expression using high-resolution melting curve analysis: application to the breast cancer susceptibility gene CHEK2[J]. BMC Med Genomics, 2011, 4: 39

[75]　Diboun I, Wernisch L, Orengo C A, et al. Microarray analysis after RNA amplification can detect pronounced differences in gene expression using limma[J]. BMC Genomics, 2006, 7: 252

[76]　Robinson M D, McCarthy D J, Smyth G K. edgeR: a Bioconductor package for differential expression analysis of digital gene expression data[J]. Bioinformatics, 2010, 26(1): 139-40

[77]　Anders S, Huber W. Differential expression analysis for sequence count data[J]. Genome Biol, 2010, 11(10): R106

[78]　Trapnell C, Hendrickson D G, Sauvageau M, et al. Differential analysis of gene regulation at transcript resolution with RNA-seq[J]. Nat Biotechnol, 2013, 31(1): 46-53

[79]　Li Z G, Zhang W, Wu M Y, et al. Gene expression-based classification and regulatory networks of pediatric acute lymphoblastic leukemia[J]. Blood, 2009, 114(20): 4486-4493

[80]　Johnson W E, Li C, Rabinovic A, et al. Adjusting batch effects in microarray expression data using empirical Bayes methods[J]. Biostatistics, 2007, 8(1): 118-127

[81]　Leek J T, Scharpf R B, Bravo H C, et al. Tackling the widespread and critical impact of batch effects in high-throughput data[J]. Nat Rev Genet, 2010, 11(10): 733-739

[82]　Teschendorff A E, Zhuang J, Widschwendter M.Independent surrogate variable analysis to deconvolve confounding factors in large-scale microarray profiling studies[J]. Bioinformatics, 2011, 27(11): 1496-4505

[83]　Eisen M B, Spellman P T, Brown P O, et al. Cluster analysis and display of genome-wide expression patterns[J]. Proc Natl Acad Sci *U S A*, 1998, 95(25): 14863-14868

[84]　Perou C M, Sorlie T, Eisen M B, et al. Molecular portraits of human breast tumours[J]. Nature, 2000, 406(6797): 747-752

[85]　Qin L X. An integrative analysis of microRNA and mRNA expression: a case study[J]. Cancer Inform, 2008, 6: 369-379

[86]　Shen R, Olshen, A B, Ladanyi M. Integrative clustering of multiple genomic data types using a joint latent variable model with application to breast and lung cancer subtype analysis[J]. Bioinformatics, 2009, 25(22): 2906-2912

[87]　Mo Q X, Wang S J, Seshan V E, et al. Pattern discovery and cancer gene identification in integrated cancer genomic data[J]. Proc Natl Acad Sci U S A, 2013, 110(11): 4245-4250

[88]　Yuan Y Y, Savage R S, Markowetz F. Patient-specific data fusion defines prognostic cancer subtypes[J]. PLoS Comput Biol, 2011, 7(10): e1002227

[89]　Kirk P, Griffin J E, Savage R S, et al. Bayesian correlated clustering to integrate multiple datasets[J]. Bioinformatics, 2012, 28(24): 3290-3297

[90]　Lock E F, Hoadley K A, Marron J S, et al. Joint and Individual Variation Explained (Jive) for Integrated Analysis of Multiple Data Types[J]. Ann Appl Stat, 2013, 7(1): 523-542

[91] Wang B, Mezlini A M, Demir F, et al. Similarity network fusion for aggregating data types on a genomic scale[J]. Nat Methods, 2014, 11(3): 333-337

[92] Zhang W, Liu Y, Sun N, et al. Integrating genomic, epigenomic, and transcriptomic features reveals modular signatures underlying poor prognosis in ovarian cancer[J]. Cell Rep, 2013, 4(3): 542-553

[93] Barabasi A L, Oltvai Z N. Network biology: understanding the cell's functional organization[J]. Nat Rev Genet, 2004, 5(2): 101-113

[94] Han J D J. Understanding biological functions through molecular networks[J]. Cell Res, 2008, 18(2): 224-237

[95] Shannon P, Markiel A, Ozier O, et al. Cytoscape: a software environment for integrated models of biomolecular interaction networks[J]. Genome Res, 2003, 13(11): 2498-2504

[96] Saito R , Smoot M E, Ono K, et al. A travel guide to Cytoscape plugins[J]. Nat Methods, 2012, 9(11): 1069-1076

[97] Cline M S, Smoot M, Cerami E, et al. Integration of biological networks and gene expression data using Cytoscape[J]. Nat Protoc, 2007, 2(10): 2366-2382

[98] Ashburner M, Ball C A , Blake J A, et al. Gene ontology: tool for the unification of biology[J]. The Gene Ontology Consortium. Nat Genet, 2000, 25(1): 25-29

[99] Kanehisa M, Goto S, Sato Y, et al. KEGG for integration and interpretation of large-scale molecular data sets[J]. Nucleic Acids Res, 2012, 40(Database issue): D109-114

[100] Carbon S, Ireland A, Mungall C J, et al. AmiGO: online access to ontology and annotation data[J]. Bioinformatics, 2009, 25(2): 288-289

[101] Maere S, Heymans K, Kuiper M. BiNGO: a Cytoscape plugin to assess overrepresentation of gene ontology categories in biological networks[J]. Bioinformatics, 2005, 21(16): 3448-3449

[102] Huang D W, Sherman B T, Lempicki R A. Systematic and integrative analysis of large gene lists using DAVID bioinformatics resources[J]. Nat Protoc, 2009, 4(1): 44-57

[103] Subramanian A, Tamayo P, Mootha V K, et al. Gene set enrichment analysis: a knowledge-based approach for interpreting genome-wide expression profiles[J]. Proc Natl Acad Sci U S A, 2005, 102(43): 15545-15550

[104] Kim S Y, Volsky D J. PAGE: parametric analysis of gene set enrichment[J]. BMC Bioinformatics, 2005, 6: 144

[105] Chen W Y, Qian W, Wu G, et al. Three-dimensional human facial morphologies as robust aging markers[J]. Cell Res, 2015, 25(5): 574-587

第5章

生物大数据的未来市场

2015 年 1 月美国总统奥巴马发表国情咨文宣布启动精准医疗计划（Precision Medicine Initiative），提出了包括资助百万基因组、癌症遗传基因组研究，制定政策标准，鼓励公私合作等举措。奥巴马的精准医疗计划再一次点燃了全球对于基因科技与生物医疗大数据的热情。

奥巴马讲话中特别引用了一项研究数据：投入人类基因组计划的每 1 美元的回报是 140 美元。他说，"这一创新已得到巨大的经济回报，为这一创新鼓掌绝对没有错"，因而"启动精准医学的时机已经成熟，就像我们在 25 年前所作出人类基因组计划的决定一样"。

2015 年 3 月 11 日，中国科学技术部召开国家首次精准医学战略专家会议，并决定在 2030 年前将在精准医疗领域投入 600 亿元。这是中国对于精准医疗的快速响应，也表明中国政府在这一领域的关注和决心。

本章作者：黎浩　前华大基因股份公司 CIO，碳云智能科技公司联合创始人回溯 15 年前，当美国总统克林顿宣布第一个人类基因组草图绘制完成的时候，人们欢欣鼓舞，既然已经找到了生命遗传的密码，美好健康新生活自然指日可待。时至今日，虽然全基因组测序的成本从 30 亿美元降到 1000 美元（远远超过摩尔定律的速度），虽然对于部分单基因遗传性疾病的科研探索也取得了一定的进展，但距离破解生命密码，全面应用基因组成果的美好预期还相去较远。

信息技术的进步，特别是大数据、云计算的出现，给生物基因行业注入了新的活力。测序成本将进一步降低，全量数据获取成为可能，数据处理技术发展迅速，用户认知和需求逐渐成熟，一个巨大的生命健康产业市场已经初见端倪。

科研导向的起步、行业监管的特性，决定了生物大数据产业的发展将是"供给驱动、引致需求"的模式。

1. 生物医疗大数据供给驱动初步到位

1）测序技术进步降低了数据获取成本，基因组学、蛋白质组学、代谢组学等全新组学数据的产生，使科技转化目标进一步明确化和可实现化。可以想见的未来，数据信息的有效利用，将会颠覆传统医疗循证与试错的方法。

2）大数据、云计算、高性能分布式存储和计算能力的整合，使得大规模高效率处理数据成为可能，并加快新的科研发现和技术进步的速度。

3）移动互联网、物联网技术的进步，使持续性个性化数据监测成为可能，动态数据的积累，将使精准医疗的反馈机制更为完善；同时，互联网将加速有价值信息和知识传递的速度。

4）人工智能技术的深入发展，一方面使生物信息数据处理的模型算法更趋进化；另一方面也将对遗传信息的解读逐步智能化、深入化。"组学、大数据、互联网、人工智能"，这 4 个关键词，构成了生物医疗大数据的基本供给模型。

2. 生物医疗大数据需求导向逐渐清晰

1）越来越多的人开始关注和理解自己的数字化生命特征，存储、认知和交互数据将引导大数据市场需求的快速跟进。

2）传统循证医学迈向精准医学，"对症下药"将因个体化大数据信息而更充分、更完备，逐步走向"对人下药"，全量数据的收集成为精准医疗的前置条件。

3）区域医疗信息化、多点执业，让医生和数据都流动起来，打破了数据孤岛。医生、科研、药厂都需要更多的数据来满足治疗、研发和生产的需要。

4）健康预测模式的改变将创新商业保险的精算模式，大数据健康保险增值服务将实现突破。

生物大数据产业链条的形成和细分，将充分验证一个新兴市场预热、起步、成熟的过程。其间，将会诞生众多测序服务、生物信息分析、诊疗应用、产品开发和用户服务的公司，也将带来物流、试剂、网络、保险、穿戴设备等相关系列产业的繁荣。虽然生物医疗大数据的市场需求还需进一步引导，市场供给还有待于技术逐步完备，但供需双方已经开始接近"成交"的地步，生物医疗大数据市场的大幕已经拉开。

麦肯锡 2010 年测算显示，综合考虑医疗大数据可以为医药行业各个环节带来改进，有望累计带来 3330 亿美元的价值。面向未来，生物大数据产业已经完成了热身准备活动，已经站到了行业突破的跑道上。如果说 21 世纪将是生命科学的世纪，生物大数据必将是决定生命科学领跑地位的最重要引擎。

5.1 基因测序市场日渐成熟，竞争加剧

基因测序将成为生物大数据领域第一个成熟的市场，从国内测序服务市场来看，从以面向科研单位的广泛研究型测序服务，到面向医疗机构和患者提供临床医学诊断检测报告，基因测序都是核心能力。

目前国内基因测序市场最为成熟的是唐氏综合征无创产前筛查。从 2010 年开始，无创产前市场（NIPT）从无到有，5 年的时间，形成了接近 20 亿元的规模。2014 年 6 月 30 日，华大基因成为全球首家中国国家食品药品监督管理总局（CFDA）批准的无创产前基因检测机构，

2014 年 11 月和 2015 年 4 月，达安基因和贝瑞和康的基因测序仪及胎儿染色体医疗器械注册也先后获得批准。2015 年 1 月，国家卫生和计划生育委员会发布了《关于产前诊断机构开展高通量基因测序产前筛查与诊断临床应用试点工作的通知》，批准 109 家医疗机构开展包括：产前筛查与诊断前咨询，知情同意书签署，临床资料收集和标本采集要求，检测报告审核使用，检测后临床咨询，高风险孕妇的后续临床服务等相关服务。随着政策的逐渐放开，未来会有越来越多的公司和检测项目将得到 CFDA 的认可。

随着无创产前诊断的价格逐步下降，按照 1500 元/例、每年 1700 万新生儿、年达到 30% 的渗透率，预计市场容量约 76 亿元。再加上孕前检测、新生儿单基因遗传等项目，估计国内市场规模会超过 100 亿元。

个体化肿瘤治疗是另一个基因测序的重要市场。根据世界卫生组织（WHO）发表的《全球癌症报告 2014》，全球癌症病例增长快速，预计从 2012 年的 1400 万人到 2025 年的 1900 万人和 2035 年的 2400 万人，其中中国新增癌症病例高居全球第一位。肿瘤治疗正逐渐从宏观层面对"症"用药向更微观的对基因用药转变，个体化治疗已经成为肿瘤治疗的公认趋向。一是利用 CTC 和 ctDNA，外周血肿瘤早期筛查，检测肿瘤易感基因；二是在分子靶向药使用之前检测患者是否携带药物靶点。目前美国 FDA 已经批准了部分基因诊断肿瘤个体化治疗方案。2015 年 3 月 27 日，国家卫生和计划生育委员会发布了第一批肿瘤诊断与治疗项目高通量基因测序技术临床试点名单，国内一批著名的医院和基因临检机构入围。肿瘤基因诊断的监管也将逐步放开，市场化产品和临床应用也会陆续跟进。Illumina 对未来测序服务市场容量的估计为 200 亿美元，其中肿瘤检测市场将占据 60%，达到 120 亿美元。

再往产业链前端推，第二代测序仪也是一个相对成熟的市场，但这个市场几乎形成了国外企业寡头垄断的格局。Illumina 超过 70% 的市场份额，占据霸主地位。加上 Life tech，前两家测序仪公司的全球市场占有率已经接近 90%。排名三、四的 Roche 和 Pacbio 占据剩下的 10% 左右。国产测序仪基本以 OEM 方式满足 CFDA 认证需求为主，尚未形成规模。华大基因 2012 年收购的 CG 公司一度被认为将是与 Illumina 分庭抗礼的重要对手，在 2015 年 6 月推出了超级测序仪 Revolocity，具体市场推广还待观察。据全球市场研究咨询公司 MarketsandMarkets 估计，2014～2020 年，测序仪的复合增长率是 15.4%。

二代测序仪和测序服务市场，经历 10 年左右的发展，成为整个生物大数据产业的先导行业。根据现有已知基因位点提供诊断报告，实际上是前期科研和试验的结果应用，由于采集和检测的数据是相对稳定的，且结果以定性为主，对于积累大规模数据发现新知贡献有限，距离提供新应用还有较大的差距。

随着测序成本的降低和测序设备小型化，面向单一疾病、已知位点的检测服务将成为各类检测机构和医院合作的主要项目。但在进入门槛降低、利润逐渐摊薄的预期下，如果没有更多的科学发现做后续支撑，测序检测服务市场将逐步进入竞争激烈的红海领域。

5.2　生物医疗大数据应用市场方兴未艾

从时间阶段看，生物医疗大数据几乎与互联网发展同步，但限于生物领域的专业垂直深度，以及医疗健康领域行业监管壁垒，互联网大潮尚未深入生命健康产业腹地。本轮次以消费互联网带动的服务产业"互联网+"的纵深发展，决定了生物医疗大数据的产业前景广阔，方兴未艾[1-7]。

5.2.1　数据存储、计算等基础设施先行一步

首先是数据存储、计算的云服务将成为生物医疗大数据的基础设施，将率先开始布局。基因数据库的发展也将经历从高性能计算集群向私有云转化，再面向公有云开放、形成混合云的架构。众多测序服务机构的出现，大量数据的存储、计算和互联互通将成为未来市场关注的焦点。同时，各地基于区域医疗信息化的统筹管理将伴随着"智慧城市""智慧医疗"的步伐，走向医疗数据区域化集聚道路。在强调资源共享和应用深入的信息化方向下，医疗行业开始接受以"云"为导向部署 IT 系统，乃至业务流程的重新梳理。而医疗云的后端，即云架构基础设施，正成为 IT 产业开始热烈聚焦的方向。

2012 年 3 月亚马逊 AWS 通过其云平台托管国际千人基因组计划庞大数据库，并免费开放。2013 年 9 月谷歌公司宣布成立 Calico 公司，

利用大数据进行人类衰老及相关疾病方面的研究。微软也启动了
microsoft biology initiative 项目，进军生物医学大数据领域。据悉，美
国已建成覆盖本土的 12 个区域电子病历数据中心、9 个医疗知识中心
和 8 个医学影像与生物信息数据中心。

2014 年 3 月 Google 公司推出它面向基因组学的产品 Google
Genomics（谷歌基因组），宣称让全世界的科学家能够像使用搜索引
擎那样，方便快捷地共享基因信息，进行虚拟的生物实验。随后美国
国家癌症中心发表声明说，将会斥资 1900 万美元将容量大小为 2.6 PB
的癌症基因组图谱上传到云端。这些资料来自于数千名癌症患者，数
据将会备份在 Google Genomics 和亚马逊数据中心。

阿里云 2015 年 6 月初正式宣布推出医疗云。依托自身海量数据运
营形成的强大数据存储和处理能力，阿里巴巴公司整合旗下健康、未
来医院、阿里医疗云等板块的内容，着手于面向医药分离、医生聚集的
医疗健康行业布局。其中云服务会是吸引医疗行业汇聚的主要手段。

作为全球领先的 ICT 方案供应商，华为在 2010 年年底发布云计算
战略及端到端的解决方案；2013 年云操作系统 FusionSphere3.0 发布。
2015 年 7 月 30 日对外发布了华为公有云，其中医疗云是其布局的重要
方向。

这些解决方案，目前大多基于以 VMware、Hyper-v 所搭建的虚拟
化平台，采用跨平台技术进行系统基础架构设计，再配合成熟的 SAN
存储系统，形成具备私有云级别的数据中心，再以相应的网络构建，
接入公有云服务，实现区域数据共享乃至业务协同，帮助医疗机构，
甚至个人建立有效的医疗健康档案管理体系。

2009 年，美国出台 HITECH 法案，将医疗卫生信息化列为重点发
展方向，10 年内累计投入 2760 亿美元。加拿大也在规划 EHRS 蓝图，
旨在全面推进国家医疗信息化、电子监控档案建设。英国 10 年内投入
超过 120 亿英镑，用于建设全国一体化的医疗信息系统。欧盟则发力
统一的 eHealth 体系建设，10 年投入超过 60 亿欧元。

5.2.2 大数据分析市场引致各方的关注

据估算，如果本着尽可能全面收集的原则，一个人一生的生命健

康数据大约在 10 TB 的量级，其中包括基因组、转录组、表观组、宏基因组，以及各类临床、生化、社会、可穿戴设备等，许多数据还会有时间序列上的累积。一个人的数据已然如此之大，100 万人、1000 万人的数据量级和复杂程度几乎是不可想象的。

这些异源异构（来源不同、结构不尽相同）的数据需要新的处理策略来存储、计算，需要新的算法模型来比对、分析，需要新的交互方式来解读和应用。这意味着要更多掌握数据处理能力的信息技术人员，在理解生命信息的基础上，开发出适合生物大数据的算法、软件和模型，提供更高效的数据读取、分析的工具，才有可能通过大数据挖掘找到符合科学发展逻辑和路径的新发现和新认识。

从测序仪上得到的仅是基因变化的信息，需要找到差异和变化的信息，然后再与临床表现去匹配和对比，通过实验和数据的累积，最终转化为诊断指导和临床指南，甚至是颠覆传统方法，形成新的所谓"金标准"，才是最具价值的。这个处理过程越来越需要自动化数据分析才能更有效率。测序结果的临床分类和报告逻辑主要有检测变异—变异注释—变异分类 3 个步骤，这 3 个步骤都需要自动化分析来提高效率。

随着未来数据量越来越庞大，外包给专业化的生物信息公司将成为一种趋势。与对照参考基因组比对之后，接下来是"数据分析专家"接手：将基因分析、计算生物学、信息学用于找到有意义的发现，将原始的测序数据转变为真正的信息。以临床变异分类为例，目前临床变异分类（与疾病的关联）通俗来说可分为：无关联、有可能无关联、怀疑有关联、完全关联 4 种。变异分类比测序需要更多数据关联，如需要与疾病数据库、治疗数据库、患者家族史数据库相连，多领域数据关联性的需求使变异分类离不开自动化。

国外很多公司都建立了自己的大型数据库并开发了相关的软件进行快速数据分析，如 Myriad Genetics 公司拥有专有数据库来进行大数据的一体化分析，可用来解释不确定的遗传检测结果。Illumina 公司开发出 BaseSpace 的云计算与存储平台，SevenBridges Genomics 在人类基因组排序和分析中综合应用了云计算和 NoSQL 数据技术，推出 EC2、S3 和 MongoDB 等。

BioDatomics 公司开发了 BioDT 软件,其为分析基因组数据提供了 400 多种工具。将这些工具整合成一个软件包,使得研究人员很容易使用,且适用任何个人电脑,且该软件还可以通过云存储。据称,该软件比传统系统处理信息流的速度快 100 倍以上,以前需要一天或一周的,现在只需要几分钟或几小时。

提供相关产品和服务的主要公司还有 CLC bio(丹麦)、Biomatters (新西兰)、Partek(美国)、Genomatix(德国)、Knome(美国)。对于中国来说,拿来主义是一个好的选择。借鉴国外数据处理的先进经验,我们可以通过数据积累建立中国人的基因数据库,这样才有益于中国人的健康管理和疾病治疗。

数据流程的标准化、数据本身的标准及数据库规范标准化,将是影响未来数据应用的关键环节,以自动化数据开启的数据处理市场,将带动整个产业链的起步。如果说基础设施是相对的"硬件"设备,那么自动化分析和解读将是最重要的"软件"部分的投入,最终,云化的服务和移动终端的便利性交互,将是"软件定义一切"的生物大数据行业的标准版本。

5.2.3 面向终端用户的服务将是最大的市场

互联网在带来更多信息和知识,将世界拉得更平的时候,也带来了信息选择的焦虑和信息质量判断的困难。大数据扑面而来,谁又能真正知道哪些是有用的,哪些是高质量的,哪些是和自己相关的?

原则上讲,在信息充分对称的情况下,互联网的连接和筛选会完成去粗取精、沉淀真知、方便获取的全过程。事实上,拥有 240 多年历史的《不列颠百科全书》在谷歌和维基百科联合围剿下,于 2012 年停止了纸质版印刷,给我们提供了互联网颠覆专家知识系统的经典案例。对于生物医疗大数据的消费用户来看,由于信息获取和识别能力的逐步提升,越来越多的人将掌握此前未被发现或被行业监管壁垒垄断的专业信息和知识。特别是当这些知识与自身健康密切相关的时候,相信每一个人即便还将长期保有"去医院看病"的习惯,但大部分人也都有了通过互联网来查医问药、寻求支持的经历。2005 年成立于美国马萨诸塞剑桥的 PatientsLikeMe 网站就是这样一个连接患者、特别是罕见病患者（ALS 等）的在线分享、科研支持、治疗信息互助的网站。经过 10 年的发展，PatientsLikeMe 已经超出了罕见病的范围，已经提供了超过 2000 多种疾病的交互社区，成为全美乃至全球最大的患者交互网站。

在《颠覆医疗》一书中[1]，作者描述了重点个性化诊疗的尝试和成功案例，如父亲为孩子创建生物技术公司，历尽艰辛，进行各类药物的测试，最终成功拯救了女儿的生命，等等。这类案例传递的信号是：人们对信息和情报的知晓水平不够。但未来的医疗将在数字化工具提供的技术支持下开创医疗的新纪元。"无论是癌变组织基因组测序以图探明特定的驱动突变并借此研制出有效的反制药物，还是在致命疾病显现指示性症状之前成功预测其出现的概率，我们治病救人的能力都将大幅跃升"。

在知识有限的情况下，我们不知道要预防什么，也不知道如何预防，那么就只有等待明显症状出现才能着手。但到那时，也许疾病已经是积重难返了。更为有效的办法是，用已知的参数进行个人的管理和照护，这个对照参数是可以测量的，同时我们自己的动态变化的数据将是使这个对照参数不断进化的过程，而最终将依靠越来越细致的维度分析，找到适合每一个人的个性化精准治疗方案。

如果说显微镜的发明和抗生素的发现，使 20 世纪人的平均寿命从 35 岁延长到 70 岁，那么 21 世纪的测序技术已经使人类观察的视野从细胞、细菌进入 DNA 层面，而 21 世纪的"抗生素"显然需要拜大数据所赐，只有充分利用大数据，才能解读、分析、破译生命的密码。

英国 2012 年由首相卡梅伦支持发起了 10 万人基因组计划，将对被纳入英国国家医疗服务系统（NHS）的 10 万名癌症、罕见病及传染病患者进行全基因组测序。目标是通过疾病和基因的特征关联性，给患者提供个体化的精准治疗，并带动数据积累和产业发展。

冰岛是首个对公民实施大规模基因分析计划的国家，美国"百万老兵计划"也在退伍军人中招募志愿者，其他还有加拿大、澳大利亚、日本、韩国、新加坡、泰国、科威特、卡塔尔、以色列、比利时、卢森堡等国家也都提出了类似的基因组计划。

希望参与者受益于临床分析，并且基因组数据会对全社会的患者贡献数据价值，这些被称为"阳性样本"的基因数据和现有基因数据库中的已知数据进行比对，更可能揭示出该病背后的基因具体模式。未来人类的健康之路，将被那些记录了充分信息又有分享意愿的人所拯救。

国内 BAT 三家巨头一直觊觎并着手布局医疗大数据领域的突破点。百度先后成立了移动医疗事业部、百度医生 App、Dulife、百度医疗大脑、战略投资医护网，以及同 301 医院开展合作等。百度侧重于希望通过数据积累，为人工智能（AI）大数据计算提供弹药。

阿里从医药电商切入市场，先后投资了寻医问药网、U 医 U 药、华康全景网等医疗平台。2013 年年初阿里又收购了中信 21 世纪，更名为阿里健康，之后推出了支付宝"未来医院"计划。支付宝将对医疗机构开放自己的平台能力，包括账户体系、移动平台、支付及金融解决方案、云计算能力、大数据平台等，以帮助医院建立移动医疗服务体系。天猫医药馆是阿里医药购物频道，它汇集了从 OTC 药品到保健、滋补品的网购服务项目，作为巨大的流量入口，天猫医药馆占据了医药电商市场的半壁江山。

2014 年，腾讯首次开始在医疗健康上进行布局，先后投资丁香园、挂号网、健康元等国内著名移动医疗互联网企业，覆盖医生、病患的服务场景。同年，上线的微信智慧医院，以"公众号+微信支付"为基础，结合微信的移动电商入口，用于优化医生、医院、患者及医疗设备之间的连接能力。据悉，挂号网已在其接入的医院分批推行手机端App "微医"服务，这是一个包含"微医院、微医生、微支付"三大主要应用的移动医疗 App 集群。

BAT 期望通过互联网改变人们寻医问药的经历，但仅仅是围绕找医生、评价医生的逻辑，尚未完全触及生物大数据的核心内容。

就直接向终端用户收集基因数据并提供解读的互联网应用服务来看，23andMe 公司可以说走在了世界的前列。这是一家成立于 2007 年，创始人 Anne Wojcicki 拥有谷歌"背景"的公司，用了 8 年的时间，积累了 80 万用户的基因测序数据，同时完成了多轮次的融资。虽然 2013 年 11 月 FDA 叫停了 23andMe 与健康有关的数据解读服务，减缓了客户增长的速度，但实际上其对初期客户教育已经基本完成，数据收集工作依然有序进行，消费者依然可以拿着数据找懂行的人解读。2015年年初，FDA 认可了 23andMe 的努力，批准其为布卢姆综合征基因携带者提供检测服务。这至关重要的一小步，证明了 23andMe 成熟的模式也可以在其他疾病上打开监管通路。著名制药企业 Genentech 向23andMe 注资 6000 万美元，用于分享后者的帕金森病患者的基因组数据。至此，这个高调起步，一路烧钱的公司，在 2C 的道路上迎来了2B 服务的青睐。Anne Wojcicki 认为正是 23andMe 拥有的数据吸引了来自药企的投资，"这说明了一个事实，药企对我们拥有的庞大信息很感兴趣。我们拥有大量想要参与研究的人群，我们也可以做得比世界上任何其他的研究方法更快、更有效"。

5.2.4　人工智能将是大数据应用的主要场景

人工智能一度以"重建大脑"为研究方向，目前，人工智能已经定义为通过机器学习、大规模数据库、复杂的传感器和巧妙的算法，来完成分散任务的一项技术。

人工智能应用于生物大数据领域，首先，将在文献处理方面替代人工的阅读查找；其次，在模型训练方面将在浩如烟海的数据中学习积累并发现新的变异；最后，对于分析和解读这个看似离不开人脑的处理，最终将因数据庞大和机器的深度学习能力，而不得不让位于分布式超级计算机。

IBM 公司在人工智能方面的研究可以追溯到2001 年著名的深蓝计算机（Deep Blue）战胜国际象棋大师卡斯帕罗夫的人机大战。10 年之后的 2011 年 2 月，新的"人机大战"，代表 IBM 出战的计算机 Waston，毫无悬念地完胜《危险边缘》智力竞猜电视节目历史上最成功的两名选手。

2011 年 8 月，Waston 系统应用到了医疗领域，将自然语言处理领域的发展成果和临床知识库（包含基因数据）应用于"大数据"处理，以大数据的类比归纳法，创建循证医疗自动应答的决策支持系统，同时利用用户反馈进行自学习和系统优化，达到智能进化，为病患提供诊疗方案。

此前，IBM 还与美国药品零售商 CVS 合作，利用预测分析和

Watson 的认知计算，来改善对慢性病患者的护理管理。IBM 首席健康官瑞伊在其博文中称，其总体目标是能够让 CVS 药师和医疗保健提供商"更好地给予患者个人化、定制化护理，将患者健康提升到可能达到的最佳状况"。

CVS 向 Watson 开放慢性病患者行为信息、临床数据、购药数据和保险数据，Watson 通过大数据分析，提供风险预测，并向用户提供医生及相关的医疗保险等信息，为用户制定一个最佳的健康解决方案。

Watson 的另一个主要方向是癌症治疗。目前，已收录了肿瘤学研究领域的 42 种医学期刊、临床试验的 60 多万条医疗证据和 200 万页文本资料。Watson 能够在几秒钟之内筛选数 10 年癌症治疗历史中的 150 万份患者记录，包括病历和患者治疗结果，并为医生提供可供选择的循证治疗方案。

在美国最大的健康险公司 WellPoint 的医疗服务试点项目中，Watson 录入了 25 000 多份测试用例场景和 1500 份真实案例，并支持对复杂的医学数据、人类语言及自然语言（包括医生证明、病历、医疗注释和临床反馈等）的查询释义和分析。此外，护理人员参加了 14 700 多小时的上机培训，对 Watson 进行了细致的训练。Watson 在投入使用后仍坚持"学习"，就像一名住院医师，它与自己最初的老师——WellPoint 护理人员一起工作。

IBM 日前宣布，来自美国和加拿大的 14 家肿瘤中心将部署 Watson 计算机系统，根据患者的肿瘤基因选择适当的治疗方案。JP Morgan 估计，2017 年 Watson 的大数据分析可以为 IBM 带来 20 亿美元的收入。

5.2.5　大数据助力生物制药

制药行业本身是利用数据开展新药研发的典范，因此大数据对于生物制药行业来说，是数据量和精准研发模式的升级版本。

全球生物产业的销售额每 5 年翻一番，年增长率高达 30%。单在医药领域，生物技术药物逐步成为创新药物的重要来源。目前，全球已有 100 多个生物技术药物上市销售，另有 400 多个品种可能完成临床研究投放市场。预计到 2020 年，生物技术药物占全部药品销售收入的比例将超过 1/3。

医药公司在新药物的研发阶段，可以通过数据建模和分析，确定最有效率的投入产出比，特别是从分子诊断和靶向治疗的靶点选择来说，可以配置最佳资源组合，更为精准地提供差异化服务。原来一般新药从研发到推向市场的时间大约为 13 年，使用大数据预测模型可以帮助医药企业提早 3～5 年将新药推向市场。

另一个值得期待的发展方向是通过个性化数据的积累和分析，生物制药行业有可能成为下一个可以"大规模量身定制"的行业。针对个性化的诊疗结果，有可能开发出区别对待的药物，甚至个别定制的药物。

因为即便是在比较成功找到靶点的肿瘤治疗领域，如肺癌、皮肤癌、前列腺癌、乳腺癌等，虽然靶向药物正在逐步取代"杀敌一千、自伤八百"的放疗、化疗药物，但个体化差异的癌症抗药性和变异性依然是横亘在精准治疗面前的一座大山。量身定制化药物只有依赖更为精准的数据分析，才有可能发挥更大的作用。

5.3 生命健康大数据保险市场空间巨大

在保险领域与生命健康相关的主要是人寿保险和健康保险，两者都是针对"人"本身作为保险标的。对于以大数概率和精算为主要工具的保险行业来讲，以基因组学数据为代表的生物医疗大数据注定会重写生命健康及医疗预测的模板，从而将重新定义寿险和健康险的经营基础及商业模式。

第一，数字化的生命健康数据将成为保险的重要依据，对于个体化量身定制保险产品将成为可能。

第二，以延长寿命为目的的寿险，与治疗疾病为目的的医院之间的选择，使"不去或少去医院"成为保险和健康人群的诉求，同时也会降低保险赔付率。

第三，商业保险率先引入基因数据，将会是促进医疗健康产业发展的主要突破点。

DRG（diagnosis related group）是国外发达国家行之有效的医保控费模式，其本质是将患者进行科学分组，对同组患者确定合理的医疗服务路径，从而能够有效地监控医疗服务机构的服务，达到控费的目的。我国有 9 省（市、自治区）（北京市、天津市、内蒙古自治区、浙江省、安徽省、山东省、湖南省、四川省、云南省）已开展 DRG 试点工作，政策的大力扶持有望助力医保控费进入大数据时代。

商业医疗保险作为政府基本医疗保险的补充，市场规模有限。2013 年商业健康险的保费收入为 1123.5 亿元，仅为基本医疗保险的 10%左右。虽然商业健康险规模与医保相比规模尚小，但发展趋势良好，以年均 25%～30%的速度增长。同时，商业健康险中约 70%为个人业务，这些个人用户很有可能是未来大数据健康保险的第一批渗透用户。

2008 年 5 月底，美国总统布什签署了《反基因歧视法》（Genetic Information Nondiscrimination Act），禁止人寿保险公司以某人具有对某种疾病的易感基因为由，取消、拒绝对他进行保险或提高保险费用。这一方面保护了弱势人群的权益，但另一方面也在政策方面限制了基因大数据的有效利用。

"公平"是保险中最基本的精神，相应的"保费负担公平原则"、"风险选择原则"和"最大诚信原则"都是为维护"公平"而延伸出来的。由于基因技术的进步，特别是成本的降低，对于疾病潜在发生的预测有可能会影响到这 3 个基本原则的平衡。一方面，消费者可以自行检测基因后，逆向选择合适的投保方案；另一方面，保险公司可以提出基因披露要求，根据信息来定价甚至拒绝承保。无论是法律的明确禁止（美国）还是法律的暂时缺失（中国），保险公司目前都没有法律依据来询问这个纯属隐私的事项，也不该就此祭出"最大诚信原则"的杀手锏来暗度陈仓。这成为保险公司面对医疗大数据的二律背反困境。

如何破局？

实际上，由于信息不对称造成的矛盾，还需要本着公平的信息披露准则来解决。面对医疗健康大数据带来的信息失衡，健康保险公司从"卖保险"向"健康管理"的道路上转变是唯一途径。即引导客户向信息对称方面迈出第一步，基于消费者的个体基因状况，在饮食养生、运动健身等方面提供保险增值服务，以及采用动态的保险费率，让消费者为维持健康管理增值服务买单，降低道德风险成本。

2015 年 4 月的《纽约时报》介绍了一个有意思的保险项目，由

John Hancock 保险公司和 The Vitality Group 共同合作，向人寿保险的客户提供价格折扣。作为交换，保险客户需要将他们的健康数据与保险公司分享。"我们这种方式已经在世界其他地区获得了成功，用户购买我们人寿保险产品后，会主动地设定健康目标并采取措施，更健康的生活，"The Vitality Group 的首席执行官艾伦•波拉德表示。

　　会员将从保险公司免费获得一个 Fitbit 智能手环，用于记录他们的日常活动，并有机会根据他们的"健康"行为，如定期去健身房、戒烟、降低"三高"等来赚取健康点数，从而获得 15% 的折扣。他们的生活方式越健康——完成与健康有关的锻炼、做体检，甚至注射流感疫苗——就可以积累越多的点，换取旅行、购物与娱乐有关的优惠和折扣。当然，会员可以自由选择分享多少健康数据及分享哪些健康数据，但是分享得太少的话，他们就没法获得某些保险费的折扣了。

　　2015 年 8 月 20 日小米公司联手众安保险公司推出国内首款与可穿戴设备及运动大数据结合的健康管理计划"步步保"。相比根据被保险人的年龄和性别"一刀切"的传统健康险定价原则，这款创新产品则以被保险人的真实运动量作为定价依据，运动步数同时可抵扣保费。

　　而保单生效后，用户每天运动的步数越多，下个月需要缴纳的保费就越少。对于这种以动态运动记录作为实际定价依据的保险服务，众安保险表示"未来会接入更多可穿戴设备和运动 App，希望能够全网覆盖运动人群，以求产品定价和规模优势的提升"。

　　对于商业医疗保险机构的市场和销售而言，如何获得新客户和保留既有客户是核心内容。应用大数据挖掘可以剖析客户参保人群的费用驱动因素及健康情况，不仅可以为优化保障设计与精算定价提供有力支持，更可以以深度分析结果报告作为赢得信赖的基础，据此为客户量身定制相关增值服务，从改变生活方式着手来改变健康状态。

　　可以想见，未来健康保险公司将是一个基因检测、保险精算、数据跟踪和健康管理的公司。

5.4　数据安全——值得关注的潜在市场

　　美国白宫发布的《2014 年全球大数据白皮书》指出：尽管医学技

术不断变化，但健康数据仍然是人们生活中非常私密的部分。在大数据能够提供更多涉及个人健康疾病信息的时候，重新审视信息共享后的隐私保密方式也显得相当重要。同时提出：构建一个更为广泛的信用框架，使得不同来源、不同隐私保密程度的健康数据得以汇聚。这一框架需要附加《健康保险便利和责任法案》与《反基因歧视法》中的隐私保护条款，并同时设计标准化数据结构以提高其跨平台适应性。

我国尚无对个人健康数据的隐私保护的专门法律，但从社会道德和法律基本原理的角度看，对个人隐私保护是一个基本要求，因此，保险公司、医疗机构、制药厂等机构在利用大数据技术开展保险、治疗、制药的过程中，需要高度重视相关法律的规定，建立相对严格的内部管理机制，确保客户的相关数据不会泄露和被恶意利用。

换个视角看，数据隐私与信息安全也是与时俱进的问题。让我们回顾一下大数据发展历程中的一般性数据隐私安全问题。当门户网站保留用户上网 cookie 以利再次访问快速连接时，当亚马逊在网上书店根据用户过往的选择推荐新书的时候，当淘宝使用各种消费结果数据进行商家评级排名时，人们的第一反应一定是反对的——为什么要不经允许获取我的信息？但随着便利性的提升和个人隐私保护更为成熟，cookie 带给人们的方便远远要比一些不足一提的隐私问题要多得多。禁用 cookie 更多的只是心理的慰藉（其实大多数时候只是心理上的感觉，而没有什么实际的对安全和隐私的帮助），但会直接影响你的浏览体验、便利感觉，以及后续可能获取的更多增值服务。

美国的健康保险携带和责任法案（Health Insurance Portability and Accountability Act，HIPAA），也称为医疗电子交换法案，是医疗信息领域公认的安全管理规范。在美国所有涉及医疗保健的机构中，包括医院、保险部门、保健服务商、医疗信息转换机构（数据格式处理和结构化服务的公司）、医疗信息系统供应商、医科大学，甚至只有一个内科医生的诊室等，对任何形式的个人健康信息的存储、维护和传输都必须遵循 HIPAA 的条例规定。

HIPAA 安全与隐私保护条例是技术中立的、可升级的。系统安全可在系统的建立、实现、监控、测试和管理过程中不断提高，并且每个环节都可采用多种工具。该条例是一种开放的标准，每个机构可以

选择适合自身的技术和解决方案。机构必须保存按照 HIPAA 标准要求
的相关文档，并接受对这些资料和相关过程的定期复查。

　　数据安全方面的国家性立法尤为重要，但公众对隐私的认知水平
和容忍限度，或者说对于信息披露范围的要求，更大程度上取决于获
得的权益的大小。在实践中，晚期肿瘤患者对于隐私的关心低于一般
病患，用户对不涉及交易行为的信息关注小于交易信息的关注。中国
人支付信用的建立，在很大程度上得益于支付宝建立的交易规则，同
时由于反复交易信息的过程，实际上又建立起了买卖双方的征信系统。
这样，一直困扰中国人的信用制度，依靠支付宝的一己之力完成了初
始化。在此之后微信"拜年红包"又在一夜之间完成了众多用户银行
卡的绑定。再之后的滴滴打车、Uber 绑定银行卡支付也就水到渠成了。
对于网上支付安全性的讨论已经跨越了认知阶段，大家选择的是用哪
一种网上途径更安全的技术问题，而不再是用与不用的问题。

　　前文提到的 PatientsLikeMe 已有近 20 万用户创建和分享了他们的
医疗记录——通常是使用标准化的问答或测试来自我检查。对于其他
疾病，这个社交平台还将提供能创建、测评和优化标准化检测程序的
工具，以及数据和开源的授权机制，以便根据"创意公用授权条款"
收集用户数据。PatientsLikeMe 在患者和研究人员之间建立起一座桥
梁，而且能将数据标准化。PatientsLikeMe 作为一个最实用的社交平台，
用户不但乐意而且渴望分享最隐私和最敏感的个人信息。

　　信息安全一直也是困扰众多医疗机构的难题，消耗了大量资金投
入来完成信息化的同时，还要消耗大量的人力、物力来维护系统的安
全运行和信息本身的安全。云服务出现的时候，更多的是中小企业节
约成本的选择。但随着数据处理量和复杂程度逐步增大，同时伴随着
网络、IDC 机房和超算中心等基础设施的逐步公共化，公有云的发展
必然会像水、电、煤气一样成为公共基础设施。相应信息安全也会成
为公共服务的重要组成部分。最终每一个人的数据将成为每一个人可
以支配的资产，就像你拥有现金、股票、房产一样，你同样拥有自己
的健康数据信息，还可以有样本保存的服务。至于你是将信息用于自
我健康管理，还是贡献更多的信息以便发现与你一样的疾病治疗方案，
甚至更愿意贡献更多的数据，利于人类健康的进步，你都可以自由选

择。互联网已经推进了共享经济的繁荣，淘宝、Uber、房多多、Airbnb等众多公司实现了购物、出行、租房、旅游等行业的颠覆性创新。下一个被改变的行业应该是痛点最多、需求最大、难度也最大的医疗健康产业。

因此，对于生物医疗大数据的信息安全问题，看起来是一个政府制定政策，IT 行业提高实现能力的技术问题，背后深层次的认知和习惯问题。

生物医疗大数据的需求和供给似乎看起来万事俱备、只欠东风，这个东风就是数据的积累，没有足够量的数据，大数据只是镜中花、水中月。换言之，数据如何从用户中产生，到数据处理，到形成新发现、转化新应用，再到用户体验、认可的整个链条还需要打通。

大数据时代，每一个人都知道数据有价值，但如何让数据产生价值，这个价值的归属权是谁？谁有权使用数据？在什么范围内安全使用？用什么方式使用？共享社会和人人服务的模型，是解决上述问题的关键。诚如 2000 年人类基因组草图的完成并不能解读生命的密码一样，小量数据不足以支撑新的医疗知识和解决方案的产生。每一个个人的数据，当下是不足以支撑点对点的信息与服务的。只有当数据量积累到一定程度，才有可能在相对"全量"的数据中发现可能的数据关联性，才有可能在临床医学中提供现实的解决方案。

数据的所有权应该归还给个人，无论是在医院做了检测，还是在相关机构做了测序，相应的数据结果的所有权应该归本人所有，而不是检测机构所有。相应数据的存储和使用，应该由个人来选择是否保存和保存在哪儿，是否授权第三方使用。

在数据存储方面，现有存储技术和方式，特别是数据压缩技术，显然不适应生物信息数据的存储周期长、冗余度大的特性，需要开发更为先进的压缩算法、甚至存储介质来适应下一步数据量的爆发。

在数据应用方面，网络能力将成为数据传输的瓶颈，随着云计算、IDC、超算等技术的演进，需要大规模部署面向大数据传输的骨干网络、异地容灾备份等基础能力，还需要探讨融合系统集成的混合云数据库演进路径与技术方案。

在数据交互方面，大数据表述、检索、访问和展现，将使基因库不仅仅承担支撑科学研究的任务，还要面对公众提供健康咨询的决策支持服务。未来用户提交的信息越准确、越详细，依托人工智能模型的健康咨询与预测将会越精确、越有效。

一个行业的深度发展或革命性进步一定来自于行业本身替代性科学技术进步。而一个领域的专业知识从科研走向科普，从垄断走向开放，关键在于信息扩散和传播的速度。

基于上述立场，改变现有医疗健康产业的新技术一定来自于生命大数据领域的深入探索，而互联网和 IT 技术的快速迭代将快速传递信息和认知。更多一出生就生活在网络上的 85 后、90 后互联网一代，将推进这一进程的到来。换言之，生物大数据、人工智能和互联网将启动生命健康产业的纵深化发展。

彼得·戴曼迪斯在《富足》[8]一书中描述了人类发展历史上的富足金字塔模型构成：最底层是水、食物、住所，中间层包括丰富的能源、充分的受教育机会、便利的信息通信技术，最高层则是健康与自由。我们恰恰处在了从金字塔中间层向最高层迈进的门槛上。当我们通过可以利用的能源，充分认知我们的数字化生命，可以依赖信息通信技术进行自我管理健康的时候，还有什么比生命健康更大的产业呢？

参 考 文 献

[1]　埃里克·托普. 颠覆医疗：大数据时代的个人健康革命[M]. 张南, 魏薇, 何雨师译.
　　　北京：电子工业出版社, 2014
[2]　弗兰西斯·柯林斯. 生命的语言——DNA 和个体化医学革命[M]. 杨焕明等译. 长沙：
　　　湖南科学技术出版社, 2010
[3]　大卫·阿古斯. 无病时代——走出健康误区, 终结盲目医疗[M]. 陈婷君译. 北京：中
　　　信出版社
[4]　理查德·道金斯. 自私的基因[M]. 卢允中, 张岱云, 陈复加, 等译. 北京：中信出版社
[5]　Kurzweil R. 奇点临近[M]. 董振华, 李庆诚译. 北京：机械工业出版社
[6]　彼得·蒂尔, 布莱克·马斯特斯. 从 0 到 1——开启商业和未来的秘密[M]. 高玉芳译.
　　　北京：中信出版社
[7]　杰里米·里夫金. 零边际成本社会：一个物联网、合作共赢的新经济时代[M]. 赛迪研
　　　究院专家组译. 北京：中信出版社
[8]　彼得·戴曼迪斯. 富足：改变人类未来的4大力量[M]. 贾拥民译. 杭州：浙江人民出版社

第6章

生物大数据时代的发展困境

生物体本身就是一个复杂系统，该系统涉及生物体多维的组成成分、各成分间复杂的相互关系、疾病产生的复杂的遗传和分子机制、机体内各种分子及分子间相互作用等因素。临床医疗每时每刻都会产生大量数据，微生物学、基因组学的科学研究与观察实验，特别是高通量基因测序技术的迅猛发展推动了测序成本的降低，导致了与人类健康密切相关的生物数据大量涌现。如何有效地利用如潮水般涌来的海量生物大数据[1]，成为信息技术和生物医学领域共同面对的挑战。

生物大数据本身不但具备普通大数据的4V特点，即量大（volume）、多样（variety）、价值（value）、实变（velocity）特点，而且具有生物数据自身特有的领域性质。这些共有及独有的特性决定了发展生物大数据的困难，如标准化、人才匮乏、医学伦理、数据安全、数据共享、数据分析与高性能计算等[2]。

本章作者：张文生　中国科学院自动化研究所

6.1　数据的标准化

生物大数据涉及与人类健康相关的诸多领域，包括临床电子病历、人类遗传学与组学、公共卫生、医药研发、科学研究、个体行为与情绪、社会人口学、环境、健康网络与媒体数据。然而，大数据的主要特征是半信息化、信息碎片、数据多样化、数据非结构化等。

生物数据来源广泛，测序仪器种类众多，数据类型和格式各异；测序数据量大，大型存储设备和存储结构不完善，很难保证数据的延续性、可用性、完整性和安全性[3]。研究发现，不同类型的样本采集、不同的保存方式，在不同机构采用不同检测仪器产生的数据也各不相同。此外，国内各医疗机构对于患者的问诊、处方、治疗及术后随访等信息记录也都采用截然不同的方式。

为实现大数据从"概念"到"价值"的转变，为保证数据的准确性、可用性和安全性，人们在呼吁数据拥有者发扬共享精神的同时，更重要的是建立对大数据进行统一完善的标准化规范，这是生物医学大数据到"智能医疗"转化的前提。因此，建立统一的生物医学大数据搜集、录入、管理和使用的标准化规范非常重要和迫切。

以对大数据需求最为迫切的医院为例。美国劳伦斯伯克利国家实验室基金组科学部主任鲁宾（Rubin）表示，理想状态下的目标是建立统一的电子病历系统，这些信息应该有统一的标准，但现实并非如此，各个医院存储的数据标准不同，而且不同系统存储的信息也不一样。目前不同系统和科研机构之间的信息数据标准很难统一，这主要是设备生产厂商、软件供应商之间技术标准不统一和科研机构的研究方法各异造成的，例如，不同的医院信息管理系统的电子病历数据格式和标准不同，信息中心的数据存储设备的架构也有可能不同，这造成医院间的数据信息无法流通和共享，这就为同一患者在不同医院进行治疗制造了障碍。因此大数据要在医疗信息领域得到应用，必须打破技术壁垒，解决信息标准化的问题。中国科学家更应该积极加入国际标准的讨论、设计和制定，更多参与国际上的生物医学信息共享。

对于标准化之难，鲁宾解释说，数据量大并非关键，而是数据类型的多样性、数据来源不同导致了难以统一标准。例如，组学测序，随着高通量测序仪的不断更新，测序成本越来越低。据 GOLD（Genomes Online Database）不完全统计，截至 2014 年 5 月全球正在进行的测序项目有 24 189 个，已完成的基因组测序项目有 19 093 个，这些项目产生的海量生物数据包含转录组、基因组、表观组、代谢组等，而且来自不同的测序结构，数据产生过程中的样本采集、实验处理、测序仪器、数据质控、输出格式等都存在差异，而整合这些数据用于大样本的科学研究将是非常困难的。此外，临床医疗信息，涉及癌症、心血管疾病、高血压等各种复杂疾病的临床病历、治疗、医学图像和数字化信息，以及不同数据之间错综复杂的关联，这些都造成了标准化的挑战。目前各个国家已经开始重视这个问题，信息科学和生物医学的学者需要更加紧密的合作[4]。

标准化是指为在一定的范围内获得最佳秩序，对实际的或潜在的问题制定共同的和重复使用的规则的活动。它包括制定、发布及实施标准的整个过程。标准化可以使对象的兼容性、互用性、安全性和可重复性最大化，改进产品、过程和服务的适用性，更有益于帮助原有的习惯或约定的过程商品化，防止共享壁垒，促进技术合作。生物大数据的标准化是实现医疗云计算模式和云终端健康服务模式的基础，对大数据有效融合和应用有重要的意义。目前，国内外在大数据标准化工作方面尚处于起步阶段，尚未形成一套完整的大数据标准体系框架。

美国国立人类基因组研究所（NHGRI）于 2003 年提出了 ENCODE 研究计划（The ENCODE Project Consortium），目的是注释人类基因组序列中所有的结构和功能元件，进而更完整地认识自身和生命复杂性。ENCODE 项目涉及美国等 5 个国家的 28 个研究机构、大学和公司。为了所有数据的统一，该项目要求所有参与者必须按照相同的标准产生、提交数据，以达到不同来源数据间可交叉使用的目的[5]。2007 年国际肿瘤基因组协作联盟（ICGC）启动了包括中国在内的多个国家参与的肿瘤基因组研究，该研究采用了美国 NCI 和 TCGA 对生物标本采集项目的统一标准管理数据。除了生物学家，IT 行业专家也纷纷融入生物医学大数据的队伍中。2013 年 9 月，谷歌成立的 Calico 公司旨在利用大数据进行人类衰老及相关疾病方面的研究。亚马逊通过其云平台托管国际千人基因组计划庞大数据库，并提供数据共享。微软也启动了生物医学相关的 Microsoft Biology Initiative 项目[6]。

此外，美、英、日、澳等国家政府高度重视生物大数据产业发展，尤其是大数据标准化。ISO/IEC JTC1/SC32（数据管理和交换）、云安全联盟（CSA）、加州大学圣地亚哥分校大规模数据系统研究中心（CLDS）、全球网络存储工业协会（SNIA）等都是与大数据密切相关的标准化组织。然而，绝大多数的大数据标准化工作尚处于标准的需求分析阶段，已有标准化成果梳理及针对隐私保护、数据共享、数据分析、数据管理等多个具体技术层面相关标准化工作需要持续推进[7]。与此同时，国内科研院所和企业也非常重视生物大数据标准化的问题，正在积极加入到标准化工作中来。

2011 年，中国国家发展和改革委员会、财政部、工业和信息化部、国家卫生和计划生育委员会四部委批复，并由深圳华大基因研究院组建及运营深圳国家基因库。基因库以生物资源为依托，践行从资源到科研到产业的全贯穿、全覆盖模式，实现大资源、大数据、大科学、大产业的整合与应用，主要用于数字健康管理、提高临床检测的准确率、疾病防治及加强生物制药的针对性，需要大样本量数据的支撑，以便验证技术的可靠性，确定最佳策略，同时充分考虑人群差异。其中的生物样本库主要是指标准化采集、处理、保存和应用健康与疾病生物体的生物大分子、细胞、组织和器官等样本，包括组织、全血及血液成分、核酸、尿、唾液、头发、指（趾）甲、母乳、大便、细胞株、骨髓、各种液体及与这些样本相关的临床、病理、治疗、随访、知情同意等资料和统一规范的质量控制、信息管理与应用系统构建。

2013 年，中国标准化研究院与华大基因等共同制定了《生物信息学术语》国家标准。在生物信息数据库建设方面也取得了重要进展，如深圳国家基因库构建和完善了覆盖人类资源、动物资源、植物资源、微生物资源和海洋资源等各方面资源的数据库。这些生物数据库的建立，积累了大量的相关标准规范化工作的实践经验，同年，深圳华大基因研究院制定并通过了《生物基因信息数据库建设与管理规范》地方标准[8]。

2014 年 1 月，中南大学启动"湘雅临床大数据建设"项目，以促进生物大数据的发展。世界各地大学、医疗机构有诸多分散的医学信息数据库，如何分类、整合、传输、共享、开发全球的生物医学信息资源，是摆在医学、信息学、工程学、计算机科学等领域面前的现实问题[9]。

2014 年 12 月 2 日，"全国信息技术标准化技术委员会大数据标准工作组"（以下简称大数据标准工作组）在北京成立。国家标准化管理委员会工业标准二部主任戴红代表国家标准化管理委员会要求大数据标准工作组应加强基础性的工作，构建标准体系，加强和完善相关应用和行业的协调机制，统筹国际国内两个大局，选取我国优势领域，积极推动国际标准化工作，并争取取得突破。据悉，工作组秘书处设在中国电子技术标准化研究院。截至目前，全国有 115 家单位申请加入工作组[10]。

"大数据标准工作组"的成立标志着我国大数据标准化工作迈上了一个新台阶，工作组将充分凝聚我国相关政产学研用各方面力量，通过标准化工作支撑大数据领域产业、应用和服务等各方面的有序、规模化发展。

总体而言，国内外科研人员正努力进行生物数据标准化工作的研制，虽然取得了一些进展，但问题还很多，仍然还有很长的一段路要走。下一步应针对我国生物信息数据归档、管理、交换与共享、应用等需求，按照制定生物信息资源元数据模型的思路，完成生物信息资源核心元数据标准，并提出制定元数据应用的规则和方法的初步设计方案。

6.2 复合型人才凤毛麟角

业内人士普遍认为，生物大数据标准化虽然艰难，但当务之急是解决生物医学和信息科学兼通的复合型人才缺乏困境。因为两者结合过程中的标准化及一系列问题的化解，需要研究人员对两个领域都有很深的造诣。对生物大数据的生成、整合和分析特别需要集医学、生物学、信息科学等学科知识技能于一身的复合型人才。生物大数据的数量和复杂程度的逐渐加深，生物大数据产业的逐步扩大，整合大数据的新科研模式都需要大量的合格的生物信息学人才致力于对大数据的整理和挖掘。同时如何高效地合理进行生物信息学人才培养目前还尚无定论。

生物大数据应用所需的复合型人才缺乏，尤其在应用领域里真正掌握精通生物医学和信息科学知识的人才少而又少。针对生物信息学专业人才的培养首先在美国出现，并且增长迅速。1999 年波士顿大学（Boston University）的 Temple Smith 教授率先开设了全美第一个生物信息学博士学位课程。同年佐治亚理工学院（Georgia Institute of Technology）的 Mark Borodovsky 教授创建了美国首批生物信息学硕士学位课程。截至 2006 年，已经有 100 多所美国高校开设了生物信息学的教育课程[11]。

为促进多学科研究和教育，美国 2009 年在特拉华大学创立生物信息学与计算生物学中心（CBCB），由来自 5 个学院的 60 多名教师组成，并创立或负责多个生物信息学教育项目。另外，麻省理工学院和哈佛大学博劳德研究所副主任、首席信息官梅西罗夫（Mesirov）介绍，美国政府正在推动计算机科学和生物学等交叉学科的教育，从国家级科学中心的层面，促进高中阶段的学生开始学习交叉学科的知识。

目前英国、德国等国家也已经建立了完备的学士、硕士、博士生物信息学人才的教育体制，同时在国家层面上划拨更多的教育经费来支持鼓励生物信息人才的培养[12,13]。从大学对生物信息学专业的大力开展与国家对生物信息学专业的大力投资、扶持都说明生物信息学方面复合人才的缺口仍很巨大。

国内鲜有高校主动设置生物医学和信息科学的交叉学科和院系，横跨这两个领域的复合型人才大多源自学者自发或在导师引导下的选修。这种情况造成了目前生物大数据应用缺乏人才推动力的困境。目前我国生物教育界已经认识到这个问题。

我国生物信息学教育的起步较国外略晚，早期只有少数几家单位进行生物信息学专业的人才培养。从 2002 年起，部分高校向教育部申请设立生物信息学本科专业并获得批准，这些单位有哈尔滨医科大学、上海交通大学、浙江大学、同济大学、哈尔滨工业大学、华中科技大学、上海交通大学、西南交通大学、郑州大学等，其中哈尔滨医科大学和上海交通大学等高校率先建立生物信息学系[14]。

在交叉学科项目方面，北京大学于 2000 年在国内率先建立了第一个生物信息学研究生项目，导师来自 9 个院系（如生命科学学院、数学科学学院和化学系等），不同院系的在读研究生可以选择在硕士或博士第二年加入该项目。2001 年，浙江大学和北京基因组研究所开始组建了一个生物信息学联合研究生项目。其他一些大学则在已有的研究生专业中设立与生物信息学相关的研究方向及相应的研究生课程，如复旦大学在"遗传学"专业中设置"功能基因组学"方向，在"生态学"专业中设置"生物多样性信息学"等，以满足过渡时期内培养生物信息学人才之需。

在研究生教育方面，2004 年，生物信息学已成为了自主设置博士点试点专业，当年即有 13 个一级学科博士授予点获批，可以自主设置生物信息学二级学科博士点[14]。目前，有 60 多所高校和研究所可以进行生物信息学专业研究生的培养。随着对生物信息学认识的进一步加深，越来越多的高校准备开展生物信息学专业的本科与研究生教育。

众多高校对生物信息学学科的开展，其背后实际是由社会经济需求所推动的。相对传统生物学专业在就业市场上惨淡的局面，生物信息学专业却十分受就业市场的青睐。进入 21 世纪后，中国经济急需进行产业转型和结构调整，从"中国制造"向"中国创造"方向转变。国家颁布七大战略性新兴产业标志着中国转变发展方式的根本变革的启动。七大战略性新兴产业包括"节能环保"、"新兴信息产业"、"生物产业"、"新能源"、"高端装备制造业"、"新材料"和"新能源汽车"。其中"生物产业"和"新兴信息产业"作为七大战略性新兴产业的两个重要组成部分得到了国家的大力支持。当下生物大数据产业技术较为成熟，同时有机结合了生物产业与新兴信息产业，从而得到了国家的大力扶持。因此，基于大数据的高新技术企业如雨后春笋般涌现出来。产业的扩张使得生物信息学人才更为稀缺。

现代生物医学研究正逐步从传统的科学研究模式，向结合生物大数据的综合研究模式进行转变。大量高水平的研究往往通过已有的生物大数据对某一个生物学问题进行预测，从而缩小甚至锁定实验范围，进而再进行传统实验验证过程。生物医学领域对大数据的解读能力已经逐步成为衡量实验室综合能力的一个重要指标，越来越多的实验室需要生物信息学相关的技术人员。

生物信息学相关专业人员对于我国经济模式的战略转型、维持企业竞争力和盈利效能、高校的科研水平具有极其重要的作用。唯有继续增加生物信息学专业人才的数量、提高生物信息学人才的专业水平，方能支持好国家、企业和科研机构的需求。

"工欲善其事，必先利其器"。生物大数据正以前所未有的速度进行积累，从而催生了对大量高素质的相关生物信息学人才的强烈需求。生物信息学绝不是简单地将生物医学与信息科学进行组合，而是各个学科间的有机结合。另外，作为一个新兴学科，生物信息学学科本身还在不断的扩展。这些学科特性则需要相关单位培养出兼通生物医学与信息科学，并有能力应对未来新学科内容的合格人才。这无疑增加了培养生物信息学人才的难度。

目前生物信息学人才培养的主要问题有以下两个：①合格教师的缺乏：我国的生物信息学教育正在呈现快速增长的态势，越来越多的高校在开设其相关专业，但是一个生物信息学教师需要具有多方面的才干与能力。生源的快速增长和合格教师之间就存在了矛盾。同时生物信息学专业就业前景相对较好，很多生物信息学人才选择到企业当中进行工作，在某些方面也限制了高端生物信息学人才的培养。②成熟培养模式的缺乏：生物信息学作为高度交叉的学科，如何有机地令学生较为深入地既具有生物医学背景，又具有信息计算能力是一个十分重要的问题，同时对于一个合格的生物信息学人才培养机构，要兼顾雄厚的生物医学教育能力与强大的计算机、统计、信息技术等学科的教学软硬件设施。这无疑对部分高校而言具有一定难度，然而只有在这种强大的生物医学教育能力和信息科学相关教育能力的支撑之下，方能培养出一个合格的生物信息学人才。

中国工程院院士、中日友好医院院长王辰指出，为适应生物医学大数据的发展，加强专业人才培养是一个非常急迫的问题。综合考虑，对高校和科研院所而言，"建立交叉学科院系体系，优化课程设计；开展交叉学科项目研究，引导学生入门"是加快人才培养可实施的重要举措。

随着生物信息学人才队伍的逐步扩充，人们一定可以从生物大数据中挖据出更多有用的信息，从而加深人类对各种生命现象及其背后生物学机制的认识，增进人们对各种疾病的认识，提高人们对疾病的诊治水平，以及开拓更多的生命科学前沿领域。培养更多合格的生物信息学人才，不仅需要借鉴国外已有的先进生物信息学教育模式，合理安排学生进行学习，完善生物信息学的本科、硕士研究生及博士研究生的教育模式；还需要鉴于生物信息学的交叉性，通过高校间的资源整合来培养合格的生物信息学人才——在医学院校进行医学知识与实践的培训、在综合类院校的生命科学学院进行生物学知识的学习、在理工科大学进行理科的训练。

6.3 医学伦理与数据安全

在生物大数据的分析应用中，需要收集一切已知的生物信息，这与隐私保护存在冲突。如何在应用生物大数据的同时更好地保护个人隐私信息、保障数据安全，是大力发展生物大数据应用的瓶颈。

6.3.1 医学伦理

随着大数据时代的来临，数据成了一种独立的客观存在，成了物质世界、精神世界之外的一种新的信息世界。此外，数据还成了一种土地、资本、能源等传统资源之外的一种新资源，这种新资源已成为新时代的标志，也成为继煤炭、石油之后的新宝藏。因此，数据的所有权、知情权、采集权、保存权、使用权及隐私权等，就成了每个公民在大数据时代的新权益，这些权益的滥用也必然引发新的伦理危机[15]。

（1）数据采集中的伦理问题

以往的数据采集皆由人工进行，被采集人一般都会被告知，而如今的大数据时代，数据采集都被智能设备自动采集，而且被采集对象往往并不知情。例如，我们每天上网所产生的各种浏览记录，在网上聊天时候的聊天记录，手机的通话和短信记录，在公共场合出入的监控记录，如此等等，都在我们不知情的情况下被记录和储存下来的。

（2）数据使用中的隐私问题

隐私权是每个公民的基本权利。大数据带来的最大伦理危机是个人隐私权问题。我们的个人信息，如出身、年龄、健康状况、收入水平、家庭成员、教育程度等，只要是我们不愿意公布的，都可以看作个人隐私。在小数据时代，纸质媒体相对来说比较难以传播这些隐私，而且即使传播，其传播的速度、范围和查询的便捷性都受到一定的限制。

在对生物大数据的挖掘中，不可避免地会涉及个体的隐私信息，这些隐私信息的泄露会对个体的生活造成不良的影响。特别是在移动健康和医疗服务的体系中，将医疗数据和移动健康监测甚至一些网络行为、社交信息整合到一起的时候，这些数据的隐私泄露带来的危害将更加严重。大数据分析中隐私保护要注意两个方面：其一，用户身份、姓名、地址和疾病等敏感信息的保密；其二，经分析后所得的私人信息的保密[16]。

通常情况下，隐私保护有两种手段：①个人能够选择同意或不同意提供数据；②数据的匿名化和去标志化。但针对大数据，这两种手段都难以发挥作用。在大数据时代，如何保护数据来源人的隐私是一个巨大的挑战。

虽然数据的原始采集机构可以经过个人的授权同意，但是当要把数据分享给第三方时，就难以再回过去一一争取每个人的授权了。而且，在数据采集的时候，谁是将来的第三方往往是未知的，因此，无法提前将第三方加入授权条款当中。例如，医院在经过患者同意采集了患者样本，多年以后医院想把所有这些样本共享给另外一家科研机构或者健康保险机构，但是由于样本量的巨大，重新联系原来的每个患者是一件成本巨大、甚至是不可能完成的事情。

尽管如此，如果我们能够将样本匿名化，同样也可以保护患者隐私。但是，大数据是如此的具有个人特征，即使完全地去匿名化，你还是可以通过数据来找到数据的主人。例如，Netflix 公司曾公布过一批用户的观影记录，巨额悬赏能改进其影片推荐系统的算法。尽管公布的数据中所有用户的信息都已经仔细地去标识化了，但是，根据用户对不同影片的喜好，通过对比 IMDB 数据库，研究人员仍然有很高的概率来识别用户。这个问题在生物医学研究中更加严重，因为每个人的生物性状更加独特、可识别，健康保险公司很容易把你和你的基因组对应起来，通过分析你的基因组来计算你将来的疾病风险，从而不公平地差别对待每个受保人[17]。

（3）数据取舍中的伦理问题

由于网络技术和云技术的发展，信息一旦被上传网络，则立即被永久性地保存下来，就像白纸染上墨迹一样，很难彻底清除。于是，在大数据时代，记忆成了新常态，而遗忘则成了例外。例如，由于不小心而没有及时偿还银行信用卡的透支，这不良信用可能会被跟随一辈子，成为当事人的噩梦。有些人做过某种错事，大数据将此事永远存储下来，时不时又被人翻起而成为一个永远的伤疤。这种永久存储的技术让不少人失去了重新做人的机会，给当事人带来永远的灾难。因此，当事人是否有权要求删除自己的相关信息呢?在大数据时代，究竟由谁来决定数据的取舍呢?

大数据技术是信息技术的延续，任何技术都是一把双刃剑，这把剑是利是害，完全取决于持剑之人。大数据技术只是放大了人类原本就存在的或明或暗的人类本性，所以对大数据的规制其实还是对人本身的规制。我们应该保持开放心态、坚持分享精神、坚守伦理底线，并加强数据立法和透明公开。

为了保护个人医疗隐私等生物信息，国家相关部门颁布了多项法律法规。2009年工业和信息化部发布《电子认证服务管理办法》，2010年卫生部发布《电子病历基本规范（试行）》，2010年卫生部发布《卫生系统电子认证服务管理办法（试行）》，2013年卫生部发布《医疗机构病历管理规定》，2004年全国人民代表大会通过《中华人民共和国电子签名法》。2014年5月13日，国家卫生和计划生育委员会发布了关于印发《人口健康信息管理办法（试行）》的通知。试行办法指出，责任单位采集、利用、管理人口健康信息应当按照法律法规的规定，遵循医学伦理原则，保证信息安全，保护个人隐私。

6.3.2 数据安全

大数据时代，大量的保密数据、隐私数据呈几何级数增长。而信息技术的发展使大量信息跨领域、跨组织传播，伴随而来的是数据的安全性问题。大数据中信息密度较低，这就使得攻击者的动机、目的和方法变得日趋复杂；针对大数据安全威胁的目标性、隐蔽性和破坏性都大大增加。

　　数据安全有两层含义：一个是逻辑上的安全，如防止黑客攻击、病毒入侵和隐私泄露等；另一个是物理上的安全，如人为的错误、不可抗拒的灾难等[18]。前者需要系统的安全防护，主要是指采用密码算法对数据进行主动保护，如数据保密、数据完整性等；后者需要数据存储备份的保护，主要是采用现代信息存储手段对数据进行主动防护，如通过数据备份、异地容灾等手段[19]。

　　从数据逻辑安全角度考虑，保护数据安全的方法有访问控制、数据存储加密、数据传输加密和身份认证管理等。数据加密通过变换和置换等各种方法将被保护信息置换成密文，然后再进行信息的存储或传输，即使加密信息在存储或者传输过程为非授权人员所获得，也可以保证这些信息不为其认知，从而达到保护信息的目的。身份认证要求参与安全通信的双方在进行安全通信前，必须互相鉴别对方的身份。但这些方法在面对攻击者攻击时不足以保护大数据的安全。

　　访问控制是实现数据受控共享的一种有效手段，由于大数据可能被用于不同的场景，其访问控制需求十分突出。大数据访问控制的特点与难点在于：①难以预设角色，实现角色划分，由于大数据应用范围广泛，通常要为不同组织部门、不同身份与目的的用户所访问，对不同用户实施不同的权限，预先设置角色十分困难；②难以预知每个角色的实际权限，安全管理员无法准确地为用户指定其所可以访问的数据范围[19]。

　　虽然数据加密和身份认证管理对保护数据安全有一定的帮助作用，但是，由于大数据的数据规模庞大，在互联网云端采用分布式存储形式进行存储，相关数据已经形成了统一的视图，就存储形势来看，数据保护相对简单，很容易为黑客留下攻击漏洞，更加便于黑客实施高持续性威胁 APT 攻击，造成安全问题[20]。由于大数据环境下终端用户非常多，且群体复杂，系统很难对网络用户的合法性进行快速实时的判断。所以，大数据为高持续性威胁攻击提供了良好的隐藏环境，APT 在一个不确定的时间内进行持续攻击，并且无法被实时检测到，对大数据造成极大的威胁[20]。2010 年的 Google Aurora（极光）攻击是一个十分著名的高持续性威胁攻击，Google 的一名雇员点击即时消息中的一条恶意链接，引发了一系列事件导致这个搜索引擎巨头的网络被渗入数月，并且造成各种系统的数据被窃取[21]。

从数据物理安全角度考虑，保护数据安全方法有数据备份、网络存储和异地容灾技术等。数据备份是指为防止系统出现操作失误或系统故障导致数据丢失，而将全部或部分数据集合从应用主机的硬盘或阵列复制到其他的存储介质的过程。网络存储是一种特殊的专用数据存储服务器，提供跨平台文件共享功能。异地容灾即在不同的地域，构建一套或者多套相同的应用或者数据库，起到灾难后立刻接管的作用。

鉴于大数据的数据量巨大，按传统存储方式对数据物理安全进行保护存在巨大的困难。大数据的数据类型和数据结构是传统数据不能比拟的，在大数据的存储平台上，数据量是以非线性甚至是指数级的速度增长的，各种类型和各种结构的数据进行数据存储，势必会引发多种应用进程的并发且频繁无序地运行，极易造成数据存储错位和数据管理混乱，为大数据存储和后期的处理带来安全隐患[20]。当前的数据存储管理系统，能否满足大数据背景下的海量数据的数据存储需求，还有待考验，亟需高效的大数据存储架构来应对大数据的挑战。大数据除了数据规模巨大之外，还拥有庞大的文件数量，因此如何管理文件系统层累积的元数据是一个难题，处理不当会影响到系统的扩展能力和性能。

生物大数据泄露导致的隐私问题是不容回避的现实挑战。如今科学技术的发展对大数据的依赖越来越大，开源与数据共享已经成为生物学研究的重要驱动力量。但是随着人们对隐私问题的关注，将来对一些重要信息的访问可能会受到限制，如个人基因组数据。患者通常会认为研究人员会保证他们的隐私不会被泄露，但实际情况是研究人员只能保证不主动泄露隐私信息，而被动或不自知地泄露是非常普遍的[22]。在对生物大数据利用的同时，隐私泄露存在巨大风险，数据安全与隐私保护日益受到关注和重视，相关政策和立法亟待加强，相应的技术发展将发挥重要作用[23]。

伴随各国对于数据安全重要性认识的不断加深，欧美国家纷纷已从法律法规、战略政策、技术手段、标准评估等方面展开了数据安全保障实践[24]。聚焦信息共享和跨境流动，完善数据保护法律体系。美国颁布了《2014 年国家网络安全保护法案》、积极推动出台《网络安全信息共享法案》，敦促私企与政府分享网络安全信息。欧盟通过了新版《数据保护法》，强调本地存储和禁止跨国分享。俄罗斯 2015 年起实行新法规定，互联网企业需将收集的俄罗斯公民信息存储在俄罗斯国内。

顶层设计与政策落实并重，深化数据安全政策导向。各国纷纷将数据安全作为国家战略的重要组成部分，对数据安全政策进行单独说明。日本 2013 年《创建最尖端 IT 战略》明确阐述了开放公共数据和大数据保护的国家战略；印度 2014 年《国家电信安全政策指导意见草案》对移动数据保护作出规定。同时，通过项目模式引导创新政策的落地。法国"未来投资计划"有力推动了云计算数据安全保护政策的落实；英国"Data.Gov.uk"项目实测了开放政府数据保护政策的应用效果。

从数据保护关键环节出发，强化安全技术手段。世界各国数据安全保障技术已覆盖数据采集、存储、挖掘和发布等关键环节，已具备传输安全和 SSL/VPN 技术、数字加密和数据恢复技术、基于生物特征等的身份认证和强制访问控制技术、基于日志的安全审计和数字水印等溯源技术等保护数据安全的通用技术手段。此外，数据防泄漏（DLP）技术、云平台等数据安全防护专用技术的研发与应用正不断提速。

完善数据安全标准体系，开展数据安全评估和认证实践。各国和国际标准组织纷纷出台数据安全相关标准指南。美国国家标准与技术研究院（NIST）发布了用户身份识别指南；ISO/IEC 制定了公共云计算服务的数据保护控制措施实用规则。同时，对于数据安全的评估和相关认证体系日渐成熟。美国 TRUSTe 隐私认证得到全球很多国家消费者认可和信赖；欧盟委员会开展数据跨境流动安全评估，成为评判数据能否转移的重要依据。此外，国际安全港认证、合同范本及公司绑定规则等实践促进了数据安全保护水平的提升。

近年来，我国高度重视大数据安全，宏观政策环境不断完善。2013年 6 月工业和信息化部发布的《电信和互联网用户个人信息保护规定》，根据《全国人民代表大会常务委员会关于加强网络信息保护的决定》，进一步界定个人信息的范围，提出了个人信息的收集和使用规则、安全保障等要求，为大数据应用中的个人信息保护设立了法律法规屏障，取得一定成效。但总体看，我国数据安全单行立法缺失、专用保护技术不足、数据安全评估不够等问题突出，数据安全保障能力亟待进一步提升。

因此，应从当前面临的数据安全挑战出发，多管齐下，多措并举，构建全面的数据安全保护体系，着力提升数据安全保障能力。

6.4　其他

生物大数据需要在不同系统和机构间共享和分析，因缺乏统一的标准而使研究者无从下手；信息技术和生物医学的结合更加紧密，两者兼通的复合型人才却明显缺乏；医学伦理与数据安全是制约生物大数据发展的重要难题。另外，数据共享、数据分析、高性能计算及宏观管理等方面也是生物大数据面临的重大困境。

（1）数据共享

美国国立生物技术信息中心（NCBI）存储了分子生物学、生物化学、遗传学领域的海量数据，其数据是对科学家无偿提供的。但是根据规定，美国科学家要想拿到政府经费，必须在申请课题时就承诺在课题完成后，将详细的研究数据提供给 NCBI，这是 NCBI 获得大量数据的根本保证。

而我国生物医学科研部门和医疗机构所积累的海量科研和临床数据目前多数仍然处于孤立使用的状态，机构之间的数据共享应用非常有限，数据孤岛现象限制了提高生物医学研究效率、建立社会医疗健康保障体系和减轻患者重复消费的经济负担。

而这些机构因为利益，对于拥有的医学科研数据和诊疗资料都持保护态度，不愿意向社会和同行提供数据服务。因此需要有相应的政策和措施，让医学研究机构和医疗机构的数据相互共享，真正形成生物医学研究、国民健康档案和医药信息大数据平台[25]。

（2）数据分析

传统的研究常常假设驱动，即根据已知的科学事实，对所研究的自然现象提出推测和假说，再通过设计实验来验证假说的成立与否。而面对大数据时，数据驱动的研究方式开始越来越普遍，即不提出任何假说，让数据来引导我们得出科学结论。

例如，如果我们要通过设计实验来研究一个菌种在群落中的作用，就应该把该菌种从群落中剔除，再把该群落接种到无菌的研究对象中去，检测群落的变化，这在实验上是很难做到的。不像遗传分析，在研究一个基因的功能时，我们可以通过敲除该基因，来观察生物性状的改变是否符合提出的假说。在这种情况下，大数据就可以帮助解答这个问题——我们可以记录下微生物组在不同环境下的分布及它对各种干预所产生的变化，当这些数据积累得越来越多时，我们就能梳理出哪些细菌在整个微生态系统中可能具有什么样的功能。如何从纷繁复杂的大数据中得出有用的结论呢[17]？

生物大数据分析需要包括机器学习和数据挖掘在内的一系列多重变量分析方法：分类分析（classification）、回归分析（regression）、聚类分析（clustering）、主成分分析（principal components analysis，PCA）等。这些方法都广泛应用于生物医学研究当中。举个例子：通过采集尸体上的微生物样本，可以根据微生物群落的演替建立回归分析模型，来准确地预测尸体的死亡时间，这将对刑侦提供重要的信息[26]。还有，运用分类分析，我们可以在整个基因表达谱或者分子谱当中筛选癌症的分子标记，从而对癌症类型作出准确的诊断[27]，以制定个性化的治疗方案。

由于数据量的巨大，有些过去适用于抽样数据的统计方法和分析工具缺乏可扩展性，难以满足大数据快速分析的需求。Hadoop[28]和MapReduce[29]采用分布式系统，能够高效利用大型计算机群进行并行运算，对生物大数据分析有帮助。

（3）高性能计算

生物医药领域的计算具有数据量大、计算度复杂、要求精度高的特点，大数据的规模和计算强度也已经远超过了我们个人电脑所能处理的范围[30]。如何完成如此大规模和大强度的数据计算是生物大数据应用必须面对的问题[31]。生物信息的计算必须要有高效的方法，并行计算和 GPU 计算的进步使快速高效计算生物大数据有了希望。

　　并行计算，即一个任务分配给多条流水线路或多个处理器来完成。并行计算可以充分调用可用于计算的资源。在生物信息学中典型的应用就是分子对接计算，每个独立的处理器处理一个待筛选的小分子，将成千上万的独立数据分配给众多的节点，最后经管理系统将结果搜集整理并输出。目前流行的并行软件系统有 Sun Grid Engine（SGE）和 Open Portable Batch System（OpenPBS）[32]。

（4）宏观管理

　　目前，发达国家在生物大数据领域的技术和应用已远远走在前端，在我国，生物大数据还处于发展的初期阶段。该如何以最快的速度赶上这一潮流，如何从国家主权层面对生物大数据进行有效的保护和管理，如何在基础研究和技术市场应用上与世界同步，已成为不可回避且值得深入思考的问题。

　　在生物大数据领域，我国缺乏国家层面的对生物大数据进行有效管理与利用的体制、机制和环境，这已经使我国的生物大数据主权受到严重威胁。现在国际上的三大生物数据中心：美国国家生物技术信息中心（NCBI）、欧洲生物信息研究所（EBI）和日本 DNA 数据库（DDBJ）。这三个数据中心都是欧美从国家层面建立的，并免费向国际开放。我国的相关科学研究和市场应用发展受益于这些数据中心，同时也严重依赖和受制于此。我国尚未建立面向生物大数据技术发展的国家级技术研究中心，技术研发缺乏宏观规划和引导，技术产出较少，难以建立完善的生物大数据技术体系，不能满足生物大数据发展面临的数据管理和服务需求[33]。

　　由于我国没有国家级生物数据中心，科学家获得的数据就无从提交。没有形成我国自己的数据中心，自然无从谈及知识库的建立，这大大制约了我国生物科技和产业的发展，危机到国家战略安全。

　　另外，纵观国内，我国政府、企业和行业信息化系统建设往往缺少统一规划和科学论证，系统之间缺乏统一的标准，形成了众多信息孤岛，而且受行政垄断和商业利益所限，数据开放程度较低，以邻为壑、共享难，这给数据利用造成极大障碍。制约我国数据资源开放和共享的一个重要因素是政策法规不完善，大数据挖掘缺乏相应的立法，毕竟我国还没有国家层面的专门适合数据共享的国家法律，只有相关

的条例、法规、章程、意见等。无法既保证共享又防止滥用，一方面
欠缺推动政府和公共数据的政策；另一方面数据保护和隐私保护方面
的制度不完善抑制了开放的积极性[34]。

参 考 文 献

[1]　李国杰. 大数据研究: 未来科技及经济社会发展的重大战略领域——大数据的研究现状与科学思考[J]. 中国科学院院刊, 2012, 27(6): 647-648

[2]　宁正元, 黄伟奇. 生物数据标准化, 从HTML到RDF[J]. 福建农林大学学报(自然科学版), 2007, 2: 208-214

[3]　Sansone S A, Rocca-Serra P, Field D, et al. Toward interoperable bioscience data[J]. Nature Genetics, 2012, 44: 121-126

[4]　王庆. 大数据: 生物医学的待解之题[N]. 工人日报, 2013-03-22.(006)

[5]　骆建新, 郑崛村, 马用信, 等. 人类基因组计划与后基因组时代[J]. 中国生物工程杂志, 2003, 11: 87-94

[6]　Microsoft. Microsoft Biology Initiative [EB/OL]. [2015-10-01] http://research.microsoft.com/en-us/projects/bio/default.aspx

[7]　《大数据发展研究报告》编写组. 综合分析 冷静看待 大数据标准化渐行渐近(下)[J]. 信息技术与标准化, 2013, 10: 17-20

[8]　操利超, 陈凤珍, 严志祥. 生物数据标准化研究进展[J]. 生物信息学, 2015, 1: 31-34

[9]　王震寰. 计算医学——应对大数据的挑战向临床转化[J]. 蚌埠医学院学报, 2014, 1: 1-2

[10]　《大数据发展研究报告》编写组. 综合分析 冷静看待 大数据标准化渐行渐近(上)[J]. 信息技术与标准化, 2013, 9: 12-14

[11]　卢美律. 美国生物信息学人才的培养[J]. 科学, 2000, 6: 59-60

[12]　Koch, I. Fuellen, G. A review of bioinformatics education in Germany. Brief Bioinform, 2008, 9(3): 232-342

[13]　Counsell D. A review of bioinformatics education in the UK. Brief Bioinform, 2003, 4(1): 7-21

[14]　钟扬, 王莉, 李作峰. 我国生物信息学教育的发展与挑战[J]. 计算机教育, 2006, 9: 4-6

[15]　黄欣荣. 大数据时代的伦理隐忧. 大众日报, 2015-06-24

[16]　胡新平. 医疗数据挖掘中的隐私保护[J]. 医学信息学杂志, 2009, 8: 1-4

[17]　徐振江. 大数据: 微生物组学及其他生物医学领域的机遇与挑战[J]. 南方医科大学学报, 2015, 02: 159-162

[18]　方向东. 浅谈数据安全与数据备份存储技术[J]. 科技资讯, 2007, (31): 113

[19]　冯登国, 张敏, 李昊. 大数据安全与隐私保护[J]. 计算机学报, 2014, 37(1): 246-258

[20]　于慧勇, 洪承飞. 大数据背景下的信息安全[J]. 数字化用户, 2014, (9):101-102

[21]　权乐,高姝,徐松.APT 攻击行动研究[J]. 信息网络安全,2013, 4:4-7

[22]　刘雷. 大数据时代的生物医学[J]. 中国计算机学会通讯, 2013, 9(9): 18-19

[23]　王波, 吕筠, 李立明. 生物医学大数据: 现状与展望[J]. 中华流行病学杂志, 2014, 35(6): 617-620

[24] 许佳,周丹平,顾海东. APT 攻击及其检测技术综述[J]. 保密科学技术,2014, 1:34-40

[25] 李国栋. 大数据时代背景下的医学信息化发展前景[J]. 硅谷, 2013, 19: 7-8

[26] Metcalf J L, Wegener Parfrey L, Gonzalez A, et al. A microbial clock provides an accurate estimate of the postmortem interval in a mouse model system [EB/OL]. [2013-12-15] http://elifesciences.org/content/2/e01104

[27] Ramaswamy S, Tamayo P, Rifkin R, et al. Multiclass cancer diagnosis using tumor gene expression signatures[J]. Proc NatlAcad Sci, 2001, 98(26): 15149-15154

[28] Shvachko K, Kuang H, Radia S, et al. The hadoop distributed file system[J]. IEEE 26th Symposium on Mass Storage Systems and Technologies, 2010: 1-10

[29] Dean J, Ghemawat S. MapReduce: Simplified data processing on large clusters[J]. Commun ACM, 2008, 51: 107-113

[30] Boyle J. Biology must develop its own big-data systems[J]. Nature, 2013, 499: 7

[31] 胡瑞峰, 邢小燕, 孙桂波, 等. 大数据时代下生物信息技术在生物医药领域的应用前景[J]. 药学学报, 2014, 11: 1512-1519

[32] Dudley J T, Butte A J. A quick guide for developing effective bioinformatics programming skills[J]. PLoS Comput Biol, 2009, 5: e1000589

[33] Li J Y, Zhao D S, Wang Y M. GPU computing and its application in biomedical research[J]. Mil Med Sci(军事医学), 2011, 35: 634−636

[34] 吴红月. 生物大数据: 中国能否与世界同步？ [N]科技日报, 2014-02-26.(001)